中等职业教育课程改革精品教材

互联网＋教育改革新理念教材

信息技术（基础模块）下册

主编 江 燕 邱长勇 李红艳

教·学资源

江苏大学出版社
JIANGSU UNIVERSITY PRESS
镇 江

内 容 提 要

本书根据教育部最新颁布的《中等职业学校信息技术课程标准》（2020年版）的要求和内容编写而成。全书共包含 5 个项目，分别为数据处理、程序设计入门、数字媒体技术应用、信息安全基础和人工智能初步，可帮助学生通过对信息技术知识与技能的学习和应用实践，增强信息意识，掌握信息化环境中的生产、生活与学习技能，提高参与信息社会的责任感与行为能力，为就业和未来发展奠定基础，成为德、智、体、美、劳全面发展的高素质劳动者和技术技能人才。

本书内容丰富，讲解通俗，图文并茂，趣味性强，配套资源丰富，可作为中等职业技术院校信息技术课程的教材。

图书在版编目（CIP）数据

信息技术：基础模块. 下册 / 江燕，邱长勇，李红艳主编. -- 镇江：江苏大学出版社，2020.9（2024.2 重印）
ISBN 978-7-5684-1429-6

Ⅰ．①信… Ⅱ．①江… ②邱… ③李… Ⅲ．①电子计算机－中等专业学校－教材 Ⅳ．①TP3

中国版本图书馆 CIP 数据核字(2020)第 163529 号

信息技术（基础模块）.下册
Xinxi Jishu (Jichu Mokuai). Xiace

主　编／江　燕　邱长勇　李红艳
责任编辑／苏春晶　吴昌兴
出版发行／江苏大学出版社
地　　址／江苏省镇江市京口区学府路 301 号（邮编：212013）
电　　话／0511-84446464（传真）
网　　址／http://press.ujs.edu.cn
排　　版／三河市悦鑫印务有限公司
印　　刷／三河市悦鑫印务有限公司
开　　本／880 mm×1 230 mm　1/16
印　　张／10.5
字　　数／310 千字
版　　次／2020 年 9 月第 1 版
印　　次／2024 年 2 月第 3 次印刷
书　　号／ISBN 978-7-5684-1429-6
定　　价／39.80 元

如有印装质量问题请与本社营销部联系（电话：0511-84440882）

PREFACE
前 言

为贯彻落实《国家职业教育改革实施方案》《国务院关于大力发展职业教育的决定》《教育部关于进一步深化中等职业教育教学改革的若干意见》，满足国家信息化发展战略对人才培养的要求，我们根据教育部最新颁布的《中等职业学校信息技术课程标准》（2020 年版）的要求和内容组织编写了本教材。

本教材旨在引导学生通过对信息技术知识与技能的学习和应用实践，增强信息意识，掌握信息化环境中的生产、生活与学习技能，提高参与信息社会的责任感与行为能力，为就业和未来发展奠定基础，成为德、智、体、美、劳全面发展的高素质劳动者和技术技能人才。

本书内容安排

本教材分为《信息技术（基础模块）上册》和《信息技术（基础模块）下册》两册。本书为《信息技术（基础模块）下册》，共包含 5 个项目，分别为数据处理、程序设计入门、数字媒体技术应用、信息安全基础和人工智能初步。

项目四为数据处理，主要介绍数据处理的基本规范和操作方法，帮助学生了解数据在生产、生活中的应用，学会根据业务需求选择相应的数据处理工具采集、加工与管理数据，初步掌握数据分析及可视化表达等相关技能。

项目五为程序设计入门，主要介绍程序设计的基本理念和基础知识，帮助学生消除对编程的畏难情绪，初步掌握程序设计的方法，重点培养其基于程序设计理念的逻辑思维习惯和方法能力。

项目六为数字媒体技术应用，主要介绍文本、图像、音频和视频等常见数字媒体类型的采集、加工与处理方法，帮助学生在熟练掌握数字媒体处理技能的同时，了解数字媒体技术及其应用现状，了解与数字媒体技术应用相关的业务规范，鼓励学生进行创意设计，培养创新能力。

项目七为信息安全基础，主要介绍信息安全常识和信息系统安全防范技术，帮助学生认知信息安全面临的威胁，充分认识信息安全的重要意义，提高其信息安全意识和基本技术能力。

项目八为人工智能初步，主要介绍人工智能的基础知识及机器人的发展和应用，帮助学生了解人工智能的发展和应用领域，体验人工智能在生产、生活中的典型应用，正确认知人工智能对个人和社会的影响，为适应智慧社会做好准备。

本书特色

（1）**内容丰富，安排合理**：本书根据《中等职业学校公共基础课程方案》、信息技术学科核心素养与课程目标，结合中等职业学校学生的学习水平和能力特点精选内容，可满足学生在校学习和未来职业生涯发展的需要。

（2）**项目引领，任务驱动**：本书采用以任务为驱动的项目教学方式，将每个项目分解为多个任务，每个任务均包含"任务解读""体验探究""必备知识""实践探索""自我评价"5个部分。

- **任务解读**：介绍任务的背景情况，让学生对本任务涉及的知识点有一个初步的了解。
- **体验探究**：以生产、生活中的典型案例或应用情境让学生动手操作或思考探究，帮助学生将生产、生活中遇到的问题与信息技术关联起来，提高学生的学习兴趣。
- **必备知识**：讲解本任务中涉及的信息技术相关的知识和技能，帮助学生系统掌握理论知识。
- **实践探索**：安排一个或多个精心设计的案例，引导学生创作个性化的信息技术应用作品或方案，提升学生的自主学习和创新能力。
- **自我评价**：以表格的形式，让学生对任务完成情况进行自我评价，也方便教师了解学生的学习效果。

（3）**讲解通俗，易于理解**：本书采用通俗易懂、生动有趣的语言进行讲述，并配有清晰的操作图示和精美的示意图片，既便于学生阅读和理解，又丰富了版面。

（4）**体例丰富，趣味性强**：本书体例丰富，穿插使用"小提示""小技巧""知识链接""课外拓展""课堂互动""实践活动"等模块，可以丰富学生的阅读体验，活跃课堂气氛，为学生创造一个轻松的学习环境。

（5）**及时巩固，强化技能**：本书配有能力训练，包含多项实践操作和大量习题，方便学生检测自己的学习效果，及时巩固和强化相关知识和技能。

（6）**微课辅助，针对性强**：本书紧跟时代步伐，融入"互联网+"思维，采用微课辅助教学。学生可以根据需要，有针对性地扫描二维码随时随地观看视频，从而提高学习质量。

（7）**配套资源，丰富多彩**：本书配有丰富的教学资源，书中涉及的所有教学素材及制作的任务实例均已上传，读者可以登录文旌综合教育平台"文旌课堂"（www.wenjingketang.com）下载，既方便教师组织教学，也有利于学生自主学习。

为学习贯彻党的二十大精神，提升课程铸魂育人效果，本书专门在扉页"教·学资源"二维码中设计了相应栏目，以引导学生践行社会主义核心价值观，涵养学生奋斗精神、敬业精神、奉献精神、创新精神、工匠精神、法制精神、绿色环保意识等。

本书创作队伍

　　本书由江燕、邱长勇、李红艳担任主编，黎勋、聂玮、陈龙、钟齐超、李娜担任副主编。此外，吴双江、陈冠廷也参与了本书的编写。

　　在编写过程中，我们参阅、借鉴了诸多著作和资料，在此谨向有关作者表示诚挚的谢意！由于编者水平有限，书中难免存在疏漏及不足之处，恳请各位专家、广大师生及同仁批评指正，以便我们再版时予以完善。

本书编委会

主　编　江　燕　邱长勇　李红艳

副主编　黎　勋　聂　玮　陈　龙

　　　　钟齐超　李　娜

参　编　吴双江　陈冠廷

CONTENTS

目 录

项目四　数据处理

项目导读

当今社会，人们生活在数据世界里，时常使用数据并享受数据带来的便利。随着数据处理方式与工具的变革，人们对数据的认识越来越深刻，对数据的使用也越来越广泛，数据体现出了前所未有的价值。

熟练掌握常用数据处理软件，可以帮助我们有效提高数据处理能力，快速制作出各种美观、实用的数据表格，以及对数据进行计算、统计、分析和预测等，为做出更好的决策提供支撑。

学习目标

- 熟悉常用数据处理软件及 Excel 2016 的工作界面。
- 掌握 Excel 2016 中工作簿、工作表和单元格的基本操作。
- 掌握在 Excel 2016 中输入和编辑数据，导入和引用外部数据的方法。
- 掌握在 Excel 2016 中进行数据类型转换和格式化处理的方法。
- 掌握在 Excel 2016 中使用函数和公式进行数据运算的方法。
- 掌握在 Excel 2016 中对数据进行排序、筛选和分类汇总的方法。
- 掌握在 Excel 2016 中对数据进行简单分析，并制作简单数据图表的方法。
- 了解大数据的基础知识及大数据的采集和分析方法。

任务一　使用 Excel 2016 采集数据

任务解读

Excel 2016 是微软公司研发的办公自动化组件之一，它是目前功能最强大、应用最广泛的数据处理软件之一，是一个集成了快速制表、数据分析、数据管理和数据图表化功能的软件包。

在本任务中，我们先来认识一下 Excel 2016，并掌握它的基本操作。

体验探究——制作新员工信息汇总表

信息汇总表是将信息按照一定的规则汇总到一张表上，以方便用户查看和管理。下面制作新员工信息汇总表，内容包括编号、姓名、性别、出生日期、所属部门、入职时间、基本工资和联系电话（效果见图 4-1），以使公司领导对新来的员工有一个基本的了解。

制作新员工信息汇总表

新员工信息汇总表

编号	姓名	性别	出生日期	所属部门	入职时间	基本工资	联系电话
20202001	高敏	女	1990/8/31	销售部	4月7日	3500	1389797****
20202002	程佳丽	女	1986/1/4	设计部	4月13日	4000	1599838****
20202003	苏鑫	男	1984/3/5	设计部	4月14日	4500	1870404****
20202004	王芳	女	1986/4/24	财务部	4月25日	3500	1384049****
20202005	万立华	男	1980/8/9	人事部	5月6日	4500	1389797****
20202006	张静	女	1989/9/15	销售部	5月6日	4000	1355585****
20202007	李阳	男	1986/1/9	财务部	5月6日	3500	1389816****
20202008	钟虹	女	1989/3/20	人事部	5月6日	4500	1834040****
20202009	程明明	女	1989/2/14	设计部	5月6日	4500	1584040****
20202010	孙世勋	男	1988/6/12	设计部	5月6日	4000	1599816****
20202011	赵宏伟	男	1985/3/13	销售部	5月11日	4000	1370030****
20202012	万慧聪	男	1990/10/2	销售部	5月12日	3500	1384009****
20202013	吴玲	女	1981/9/10	销售部	5月18日	3500	1356467****
20202014	赵宇迪	男	1977/3/29	设计部	5月18日	4500	1396203****
20202015	曾志羽	男	1987/10/8	销售部	6月1日	4500	1586748****
20202016	方志远	男	1986/1/11	设计部	6月2日	4500	1395342****
20202017	王勋	男	1981/8/1	财务部	6月10日	3500	1354524****
20202018	季成凯	男	1986/4/17	销售部	6月15日	4000	1384523****
20202019	汪洋	男	1986/1/21	销售部	6月22日	3500	1574353****
20202020	邱海洋	男	1986/10/9	设计部	6月23日	4000	1354564****

图 4-1　新员工信息汇总表效果

一、新建工作簿并重命名工作表

步骤 1▶ 启动 Excel 2016，在打开的界面中选择"空白工作簿"选项（见图 4-2），新建一个空白工作簿。

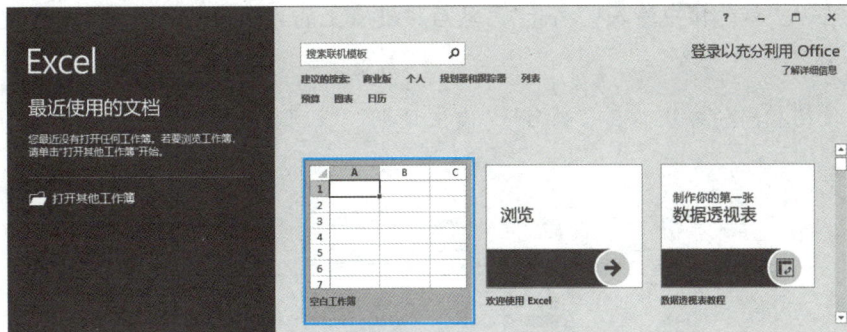

图 4-2　选择"空白工作簿"选项

步骤 2▶ 选择"文件"/"保存"选项，打开"另存为"界面。单击"浏览"按钮，打开"另存为"对话框，在其中选择工作簿的保存位置，如本书配套素材"项目四"/"任务一"文件夹，然后在"文件名"编辑框中输入文档名称"新员工信息汇总表"，最后单击"保存"按钮，如图 4-3 所示。

图 4-3　保存工作簿

步骤 3▶ 右击"Sheet1"工作表标签，在弹出的快捷菜单中选择"重命名"选项，此时工作表名称切换为可编辑状态。输入新的工作表名称"2020年第二季度"，按"Enter"键确认，如图 4-4 所示。

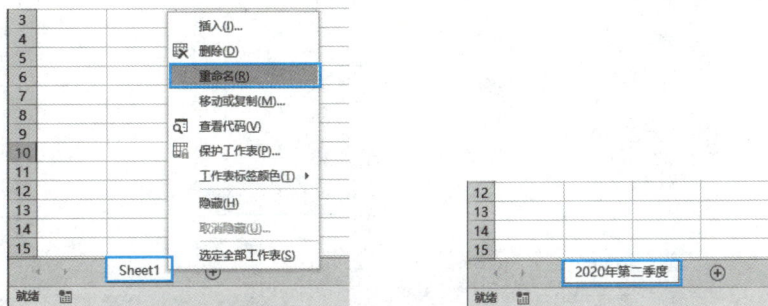

图 4-4　重命名工作表

二、输入数据

步骤1▶ 选中"2020年第二季度"工作表的 A1 单元格，输入表格标题"新员工信息汇总表"，然后按"Enter"键确认，此时插入点移动到 A2 单元格中。

步骤2▶ 在 A2 单元格中输入"编号"，然后按键盘上的方向键"→"，依次在 B2 至 H2 单元格中输入其他列标题。

步骤3▶ 使用相同的方法，在"姓名""出生日期""入职时间""联系电话"列中输入数据，效果如图 4-5 所示。

图 4-5　输入"姓名""出生日期""入职时间""联系电话"列数据

步骤4▶ 选中 A3:A22 单元格区域，然后单击"开始"选项卡"数字"组中"数字格式"编辑框 常规 右侧的下拉按钮⁣，在展开的下拉列表中选择"文本"选项，如图 4-6 所示。

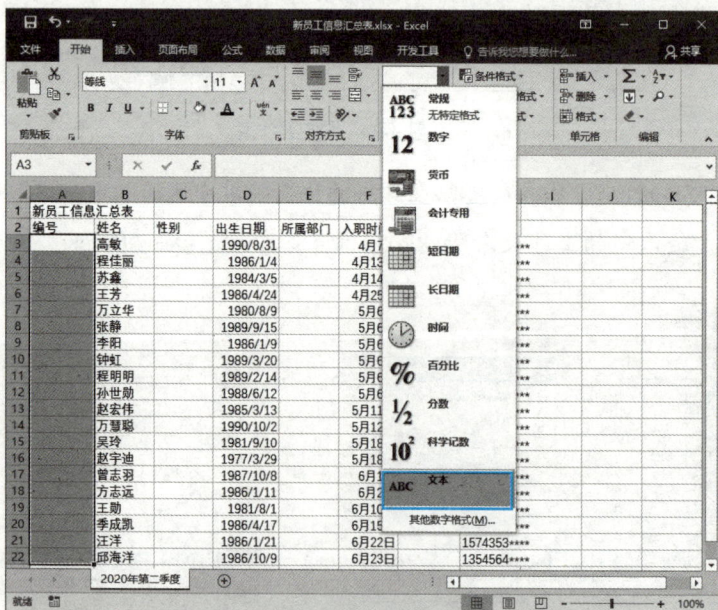

图 4-6　设置数字格式

　要将编号以文本格式显示，也可在编号数字前输入英文格式的单撇号"'"。

步骤 5▶　选中 A3 单元格，输入"20202001"后按"Enter"键确认，然后将鼠标指针移至 A3 单元格右下角的填充柄上，此时鼠标指针由✛形状变为➕形状，然后按住鼠标左键并向下拖动到 A22 单元格后释放鼠标，即可自动以序列方式填充"编号"列数据，如图 4-7 所示。

图 4-7　利用填充柄输入"编号"列数据

步骤 6▶　按住"Ctrl"键的同时选中如图 4-8 所示的单元格，输入文本"男"后按"Ctrl+Enter"组合键确认，即可在选中的单元格中输入相同的数据，如图 4-9 所示。

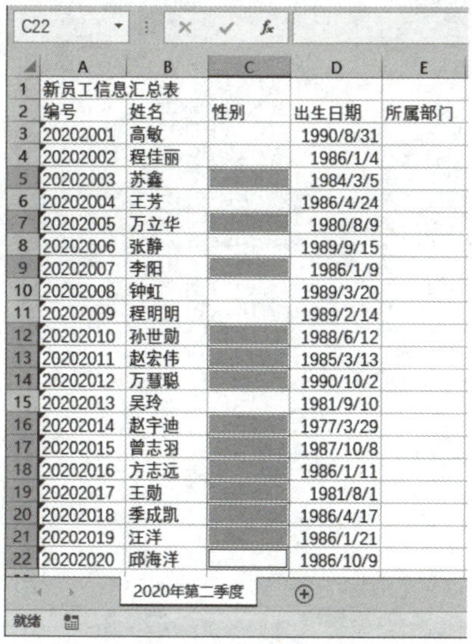

图 4-8　选择多个单元格 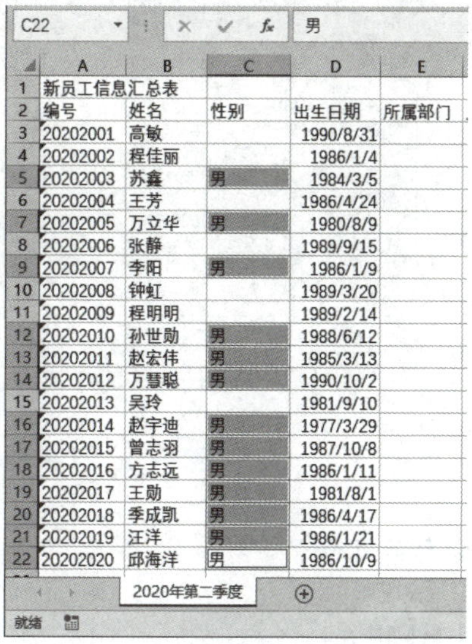　　　　图 4-9　利用快捷键输入相同数据

步骤 7▶　使用与步骤 6 相同的方法，输入"性别"列其他单元格和"基本工资"列的数据。

步骤 8▶ 选中要设置数据验证的单元格区域 E3:E22，然后单击"数据"选项卡"数据工具"组中的"数据验证"按钮，打开"数据验证"对话框。在"允许"下拉列表中选择"序列"选项，然后在"来源"编辑框中输入数据序列"销售部,人事部,设计部,财务部"（序列数据间需以英文逗号分隔），最后单击"确定"按钮，如图 4-10 所示。

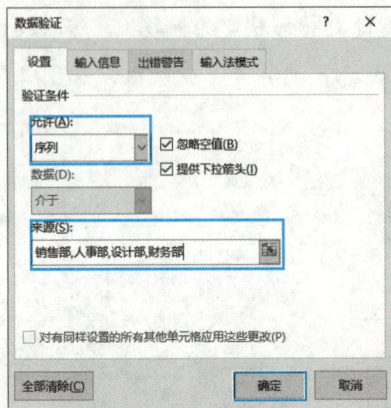

图 4-10　设置数据验证

步骤 9▶ 单击 E3 单元格，此时在其右侧出现下拉按钮，单击该按钮，在展开的下拉列表中可看到设置的数据序列，从中选择"销售部"选项，即可在 E3 单元格中输入相应数据。使用相同的方法，参照图 4-1 输入"所属部门"列数据，效果如图 4-11 所示。

图 4-11　利用下拉列表输入"所属部门"列数据

三、合并单元格

选中 A1:H1 单元格区域，然后单击"开始"选项卡"对齐方式"组中的"合并后居中"按钮，将所选单元格区域合并，如图 4-12 所示。

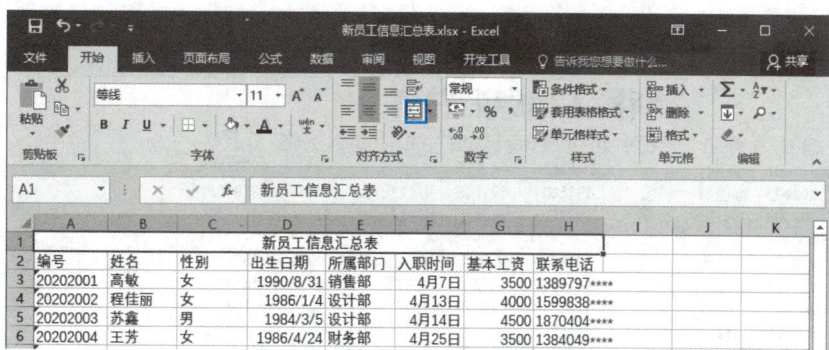

图 4-12　合并单元格

四、设置单元格格式

步骤 1▶ 选中 A1 单元格，然后在"开始"选项卡的"字体"组中设置其字符格式为微软雅黑、24 磅、加粗。

步骤 2▶ 保持 A1 单元格的选中状态，然后单击"开始"选项卡"对齐方式"组中的"底端对齐"按钮 ，将表格标题靠底端居中对齐，如图 4-13 所示。

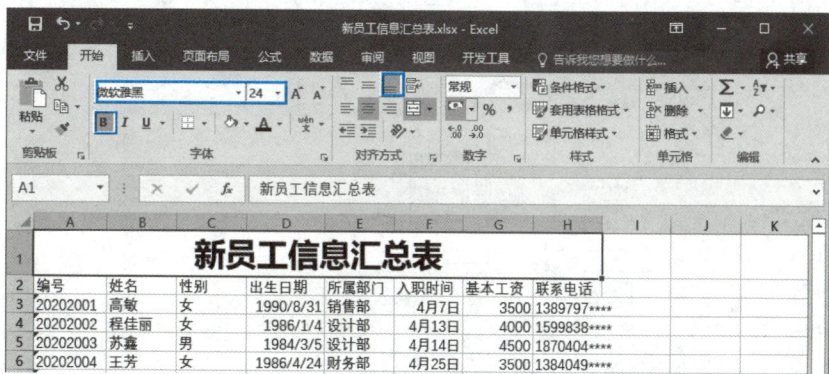

图 4-13　设置表格标题格式

小提示　在 Excel 2016 中设置字符格式、对齐方式等的方法与在 Word 2016 中相同。

步骤 3▶ 选中 A2:H2 单元格区域，设置其字符格式为宋体、16 磅、加粗，并设置其对齐方式为居中对齐。

步骤 4▶ 选中 A3:H22 单元格区域，设置其中文字体为宋体，西文字体为 Times New Roman，字号为 12 磅，对齐方式为居中对齐，效果如图 4-14 所示。

步骤 5▶ 选中 A1:H22 单元格区域，然后单击"开始"选项卡"字体"组中"边框"按钮 右侧的下拉按钮 ，在展开的下拉列表中选择"其他边框"选项，打开"设置单元格格式"对话框。在"样式"列表框中选择一种粗实线，在"颜色"下拉列表中选择"橙色，个性色 2"选项，然后单击"外边框"按钮，如图 4-15 所示。

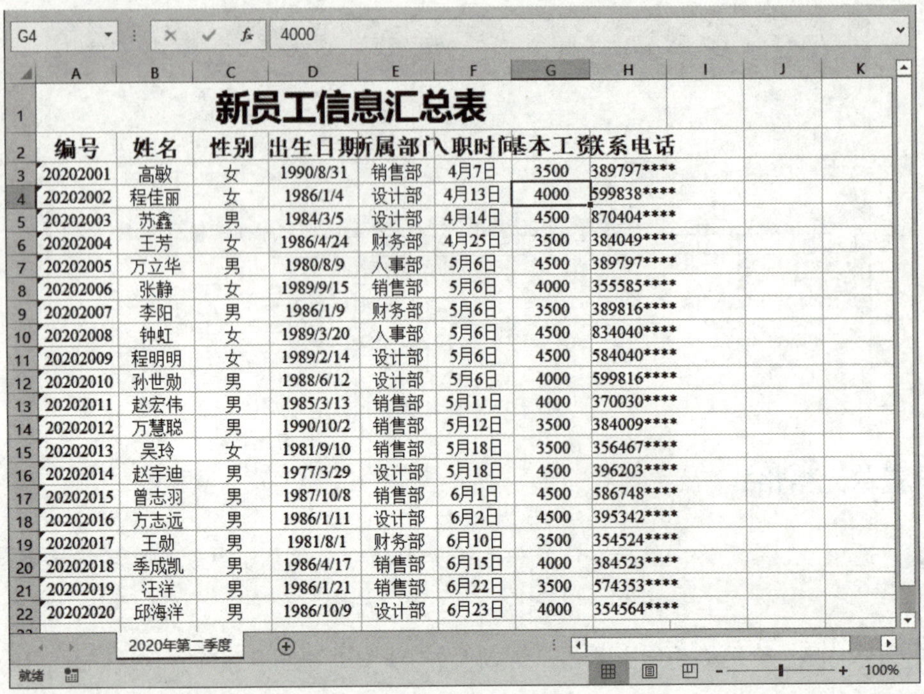

	A	B	C	D	E	F	G	H
1	新员工信息汇总表							
2	编号	姓名	性别	出生日期	所属部门	入职时间	基本工资	联系电话
3	20202001	高敏	女	1990/8/31	销售部	4月7日	3500	389797****
4	20202002	程佳丽	女	1986/1/4	设计部	4月13日	4000	599838****
5	20202003	苏鑫	男	1984/3/5	设计部	4月14日	4500	870404****
6	20202004	王芳	女	1986/4/24	财务部	4月25日	3500	384049****
7	20202005	万立华	男	1980/8/9	人事部	5月6日	4500	389797****
8	20202006	张静	女	1989/9/15	销售部	5月6日	4000	355585****
9	20202007	李阳	男	1986/1/9	财务部	5月6日	3500	389816****
10	20202008	钟虹	女	1989/3/20	人事部	5月6日	4500	834040****
11	20202009	程明明	女	1989/2/14	设计部	5月6日	4500	584040****
12	20202010	孙世勋	男	1988/6/12	设计部	5月6日	4000	599816****
13	20202011	赵宏伟	男	1985/3/13	销售部	5月11日	4000	370030****
14	20202012	万慧聪	男	1990/10/2	销售部	5月12日	3500	384009****
15	20202013	吴玲	女	1981/9/10	销售部	5月18日	3500	356467****
16	20202014	赵宇迪	男	1977/3/29	设计部	5月18日	4500	396203****
17	20202015	曾志羽	男	1987/10/8	销售部	6月1日	4500	586748****
18	20202016	方志远	男	1986/1/11	设计部	6月2日	4500	395342****
19	20202017	王勋	男	1981/8/1	财务部	6月10日	3500	354524****
20	20202018	季成凯	男	1986/4/17	销售部	6月15日	4000	384523****
21	20202019	汪洋	男	1986/1/21	销售部	6月22日	3500	574353****
22	20202020	邱海洋	男	1986/10/9	设计部	6月23日	4000	354564****

图 4-14　设置表格数据格式

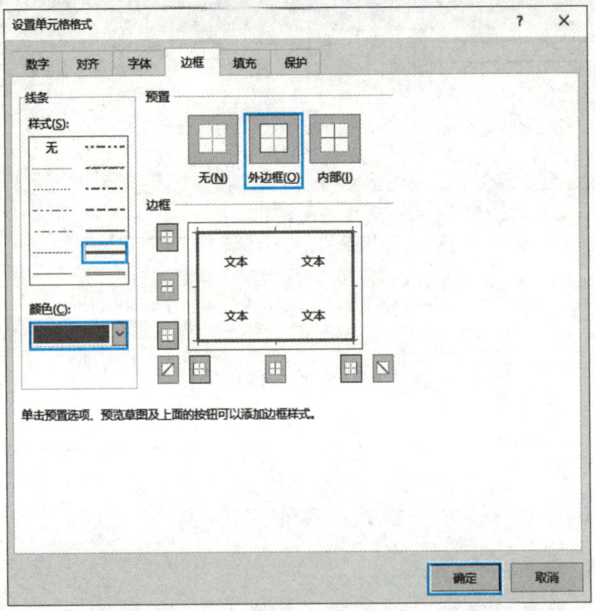

图 4-15　设置表格外边框

步骤 6▶ 使用相同的方法，设置表格内边框为黑色细实线，效果如图 4-16 所示。

步骤 7▶ 选中 A2:H2 单元格区域，然后单击“开始”选项卡“字体”组中的“填充颜色”按钮右侧的下拉按钮，在展开的下拉列表中选择“橙色”选项，为所选单元格区域填充橙色底纹，如图 4-17 所示。

图 4-16 为表格添加边框后的效果

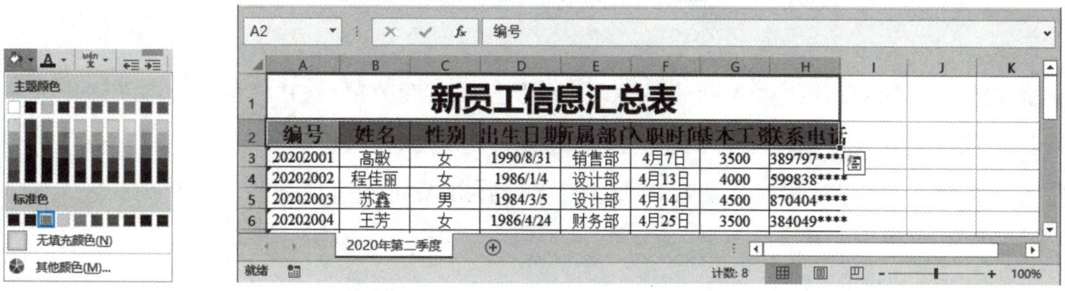

图 4-17 为单元格区域填充底纹

五、调整行高和列宽

步骤1▶ 将鼠标指针移至第 1 行行号的下边框线上,待鼠标指针变为╪形状时,按住鼠标左键并向下拖动,待显示"高度:45.00(60 像素)"字样时停止拖动并释放鼠标左键,即可调整第 1 行的行高,如图 4-18 所示。

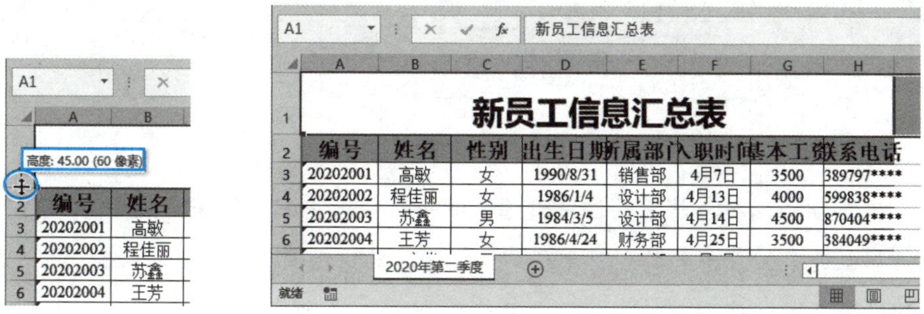

图 4-18 调整第 1 行的行高

步骤2▶ 右击第 2 行行号,在弹出的快捷菜单中选择"行高"选项,打开"行高"对话框,在"行高"编辑框中输入"30",然后单击"确定"按钮,即可精确调整第 2 行的行高,如图 4-19 所示。

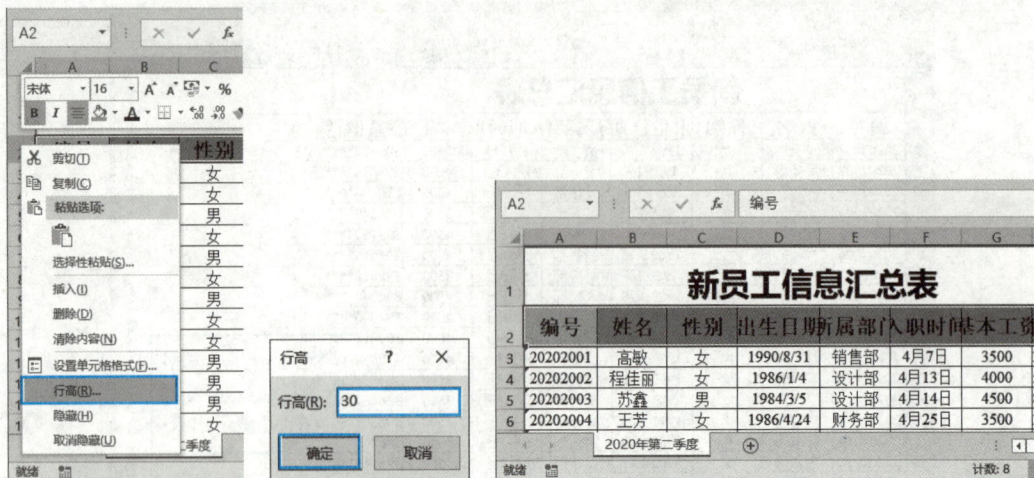

图 4-19　精确调整第 2 行的行高

步骤 3▶ 将鼠标指针移至第 3 行行号上，待鼠标指针变为 ➡ 形状时，按住鼠标左键并向下拖动，至第 22 行后释放鼠标左键，选中需要调整行高的多行。然后右击，在弹出的快捷菜单中选择"行高"选项，在打开的"行高"对话框中设置行高为 25，最后单击"确定"按钮，即可精确调整所选多行的行高。

步骤 4▶ 将鼠标指针移至 A 列的列标上，待鼠标指针变为 ⬇ 形状时，按住鼠标左键并向右拖动，到 C 列后释放鼠标左键。然后右击，在弹出的快捷菜单中选择"列宽"选项，打开"列宽"对话框，在"列宽"编辑框中输入"12"，然后单击"确定"按钮，即可精确调整所选列的列宽，如图 4-20 所示。

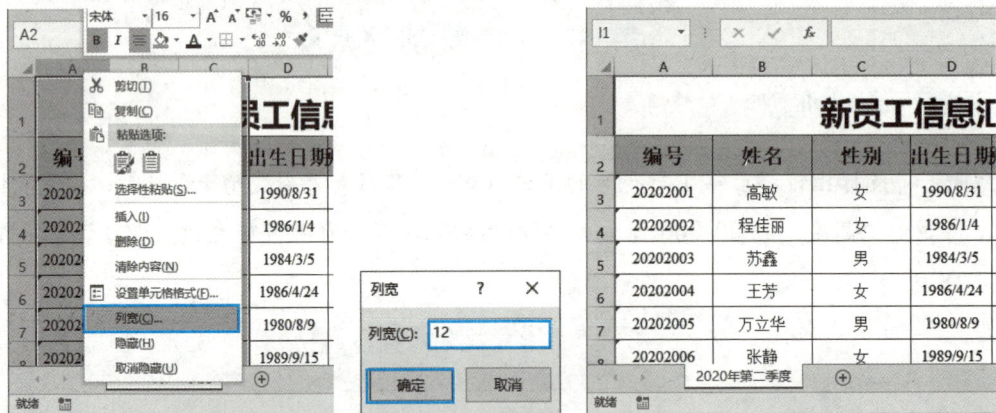

图 4-20　精确调整列宽

步骤 5▶ 单击 D 列列标，然后按住"Shift"键的同时单击 H 列列标，选中要调整列宽的多列。然后将鼠标指针移至选中的任意列的列标右框线上，待鼠标指针变为 ➕ 形状时双击，将所选列的列宽调整为最合适，此时可看到这些列中的数据显示完整，如图 4-21 所示。

图 4-21 调整列宽为最合适

六、设置条件格式

步骤1▶ 选中 G3:G22 单元格区域，然后单击"开始"选项卡"样式"组中的"条件格式"按钮，在展开的下拉列表中选择"突出显示单元格规则"/"大于"选项，然后在打开的对话框中设置条件格式，如图 4-22 所示。

步骤2▶ 单击"确定"按钮，返回工作表中即可看到"基本工资"列中数值大于 4 000 的单元格以浅红色填充形式突出显示，如图 4-1 所示。至此，新员工信息汇总表制作完毕，再次保存工作簿。

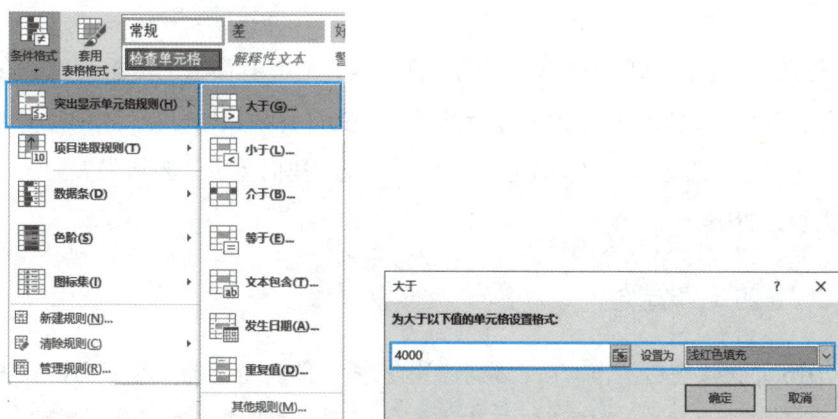

图 4-22 设置条件格式

必备知识 🔍

一、常用数据处理软件

在实际应用中，常用的数据处理软件有很多种，如 Excel、SPSS、SAS、R、BDP 个人版、MATLAB 等，可满足不同类型人员的数据处理需求。

1. Excel

Excel 是目前功能最强大、应用最广泛的电子表格制作软件。它集快速制表、数据分析、数据管理、数据图表化等众多功能于一身，利用它可以管理、组织复杂的数据，并经分析、处理后，以图表等方式直观地反映数据分析和处理的结果，准确完成一系列工程、财务、科学统计和商业任务。

2. SPSS

统计产品与服务解决方案（Statistical Product and Service Solutions，SPSS），是 IBM 公司推出的一系列用于统计学分析运算、数据挖掘、预测分析和决策支持任务的软件产品及相关服务的总称。SPSS 操作界面极为友好，它将几乎所有的功能都以统一、规范的界面展现出来，如使用 Windows 的窗口方式展示各种管理和分析数据方法的功能，使用对话框展示各种功能的命令选项等。用户只需掌握一定的 Windows 操作技能，了解统计分析原理，就可以使用 SPSS 软件开展数据分析和研究工作。

3. SAS

SAS 是一款用于数据分析和决策支持的大型集成式信息系统，其早期功能仅限于统计分析。直到现在，SAS 的重要组成部分和核心功能仍是统计分析。在数据处理和统计分析领域，SAS 被誉为国际上的标准软件系统，一度被评为建立数据库的首选产品，堪称统计工具界的"巨无霸"。

SAS 由大型机系统发展而来，核心操作方式是程序驱动。经过多年发展，SAS 已成为一套完整的计算机语言。SAS 采用多文档界面，用户输入程序后，分析结果以文本的形式在特定窗口输出。使用程序方式，用户可以完成诸如统计分析、预测、建模和模拟抽样等各种数据处理工作。

4. R 软件

R 软件是一套完整的数据处理、计算和制图软件系统，它具有高效的数据处理和存储功能，擅长数据矩阵操作，并且提供了大量适用于数据分析的工具，支持各种数据可视化输出。此外，用户还可利用简单的 R 程序语言描述处理过程，以构建强大的分析功能。凭借免费开源和强大的统计计算等功能，R 软件深受统计人员的青睐。

二、Excel 2016 的工作界面

启动 Excel 2016 并新建空白工作簿后，显示在用户面前的就是它的工作界面，其中包括快速访问工具栏、标题栏、功能区、名称框、编辑栏、工作表编辑区和状态栏等组成元素，如图 4-23 所示。Excel 2016 的工作界面与 Word 2016 相似，下面只介绍部分组成元素的含义。

➢ **名称框：** 显示当前活动单元格的地址。

➢ **编辑栏：** 主要用于输入和修改活动单元格中的内容。当在工作表的某个单元格中输入数据时，编辑栏会同步显示输入的内容。

➢ **工作表编辑区：** 是 Excel 2016 处理数据的主要区域，包括单元格、行号、列标和工作表标签等。

➢ **工作表标签：** 在一个工作簿中通常包含多个工作表，而不同的工作表用不同的标签标记。工作标签位于工作表编辑区的底部。默认情况下，新建的 Excel 2016 工作簿中只包含一个工作表 Sheet1。

➢ **状态栏：** 用于显示当前操作的相关提示及状态信息。一般情况下，状态栏左侧显示"就绪"字样。在单元格中输入数据时，状态栏左侧显示"输入"字样。

图 4-23 Excel 2016 工作界面

三、工作簿、工作表和单元格的基本操作

1. 工作簿的基本操作

启动 Excel 2016 时，选择"空白工作簿"选项，可进入其工作界面并创建一个空白工作簿。如果要新建其他工作簿，可直接按"Ctrl+N"组合键，快速创建一个空白工作簿；或选择"文件"/"新建"选项，进入"新建"界面（见图 4-24），在其中选择相应选项，然后单击"创建"按钮即可。

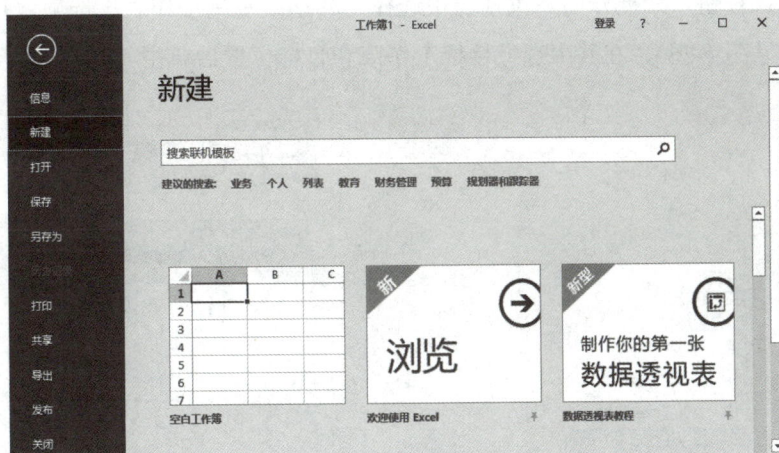

图 4-24 "新建"界面

> **小提示**　　Excel 2016 中工作簿的保存、关闭和打开与 Word 2016 中文档的相应操作类似，此处不再赘述。

2. 工作表的基本操作

在 Excel 2016 中，一个工作簿可以包含多个工作表，用户可以根据需要对工作表进行添加、重命名、移动、复制和删除等操作。

（1）插入工作表。默认情况下，新工作簿只包含一个工作表，若工作表不能满足需要，可单击工作表标签右侧的"新工作表"按钮⊕，在当前工作表的右侧插入一个新工作表。

> **小提示**　　若要在某个工作表的左侧插入新工作表，可在单击该工作表标签后单击"开始"选项卡"单元格"组中的"插入"按钮，在展开的下拉列表中选择"插入工作表"选项，如图 4-25 所示。

（2）选择工作表。要选择单个工作表，直接单击相应的工作表标签即可；要选择多个连续的工作表，可在按住"Shift"键的同时单击要选择的第一个工作表和最后一个工作表的工作表标签；要选择不相邻的多个工作表，可在按住"Ctrl"键的同时单击要选择的工作表标签。

（3）重命名工作表。用户可以为工作表设置一个与其保存内容相关的名字，以方便区分工作表。要重命名工作表，可双击工作表标签以进入其编辑状态，然后输入工作表名称，再单击除该标签以外的任意位置或按"Enter"键即可。

（4）移动和复制工作表。要在同一工作簿中移动工作表，可单击要移动的工作表标签，然后按住鼠标左键将其拖动到所需位置即可。若在拖动的过程中按住"Ctrl"键，则为复制工作表操作，源工作表依然保留。

若要在不同的工作簿之间移动工作表，可选中要移动的工作表，然后单击"开始"选项卡"单元格"组中的"格式"按钮，在展开的下拉列表中选择"移动或复制工作表"选项，打开"移动或复制工作表"对话框（见图 4-26），在其中选择目标工作簿和目标位置后单击"确定"按钮。

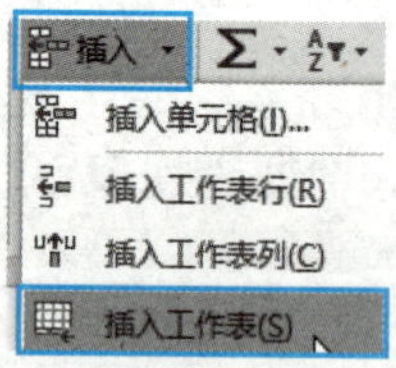

图 4-25　选择"插入工作表"选项 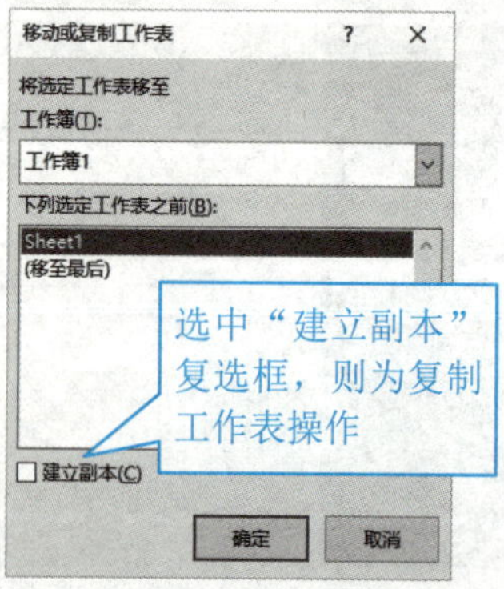　　　图 4-26　"移动或复制工作表"对话框

（5）删除工作表。对于不再需要的工作表可以将其删除。单击要删除的工作表标签，然后单击"开始"选项卡"单元格"组中的"删除"按钮，在展开的下拉列表中选择"删除工作表"选项；如果工作表中有数据，将弹出一个提示对话框，单击"删除"按钮即可。

小提示 对工作表进行的大部分操作，如插入、重命名、移动、复制和删除等，都可通过右击要操作的工作表标签，在弹出的快捷菜单中选择相应的选项来实现。

3. 单元格的基本操作

（1）选择单元格或单元格区域。

➤ **选择单元格**：单击某个单元格，即可选择该单元格。

➤ **选择单元格区域**：按住鼠标左键并拖过希望选择的单元格，然后释放鼠标左键即可；或单击要选择单元格区域的第一个单元格，然后按住"Shift"键的同时单击最后一个单元格，即可选择它们之间的所有单元格。

➤ **选择不相邻的多个单元格或单元格区域**：可首先利用前面介绍的方法选择第一个单元格或单元格区域，然后按住"Ctrl"键的同时再选择其他单元格或单元格区域。

➤ **选择整行或整列**：将鼠标指针移到该行左侧的行号或该列顶端的列标上，当鼠标指针变成➡️或⬇️形状时单击即可。若要选择连续的多行或多列，可在行号或列标上按住鼠标左键并拖动；若要选择不相邻的多行或多列，可配合"Ctrl"键进行选择。

➤ **选择整个工作表**：按"Ctrl+A"组合键或单击工作表左上角行号与列标交叉处的"全选"按钮▰。

（2）插入或删除单元格、行和列。

➤ **插入行**：选中与要插入的行数量相同的行，然后单击"开始"选项卡"单元格"组中"插入"按钮下方的下拉按钮▾，在展开的下拉列表中选择"插入工作表行"选项，如图4-27所示。

➤ **删除行**：首先选中要删除的行，然后单击"单元格"组"删除"按钮下方的下拉按钮▾，在展开的下拉列表中选择"删除工作表行"选项，如图4-28所示。

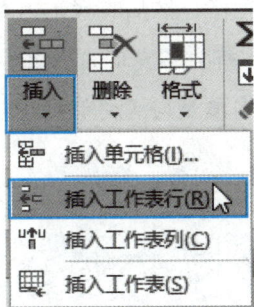

图 4-27　插入工作表行　　　　　图 4-28　删除工作表行

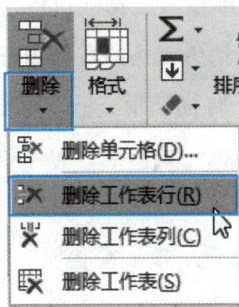

小提示 插入或删除列的操作与插入或删除行的操作类似，只需选中相应列后，在图4-27或图4-28中选择相应选项即可。

➤ **插入单元格**：在要插入单元格的位置选中与要插入的单元格数量相同的单元格，然后在"插入"下拉列表中选择"插入单元格"选项，打开"插入"对话框（见图4-29），在其中选择一种插入方式后单击"确定"按钮即可。

➤ **删除单元格：** 选择要删除的单元格或单元格区域，然后在"删除"下拉列表中选择"删除单元格"选项，打开"删除"对话框（见图 4-30），在其中选择一种删除方式后单击"确定"按钮即可。

（3）合并与拆分单元格。

合并单元格是指将相邻的多个单元格合并为一个单元格。合并后，将只保留所选单元格区域左上角单元格中的内容。要合并单元格，可首先选择要进行合并的单元格区域，然后单击"开始"选项卡"对齐方式"组中"合并后居中"按钮右侧的下拉按钮，在展开的下拉列表中选择相应选项（见图 4-31），即可将该单元格区域合并为一个单元格。

图 4-29 　"插入"对话框　　　图 4-30 　"删除"对话框　　　图 4-31 　合并单元格

要想将合并后的单元格拆分，只需选中该单元格，然后再次单击"合并后居中"按钮，或在"合并后居中"下拉列表中选择"取消单元格合并"选项。

四、数据输入与编辑

1. 数据输入

要在 Excel 工作表中输入数据，可单击要输入数据的单元格，然后直接输入数据即可。

在 Excel 工作表活动单元格的右下角有一个黑色小方块，称为填充柄。将鼠标指针移至填充柄上，当鼠标指针变为 ✚ 形状时拖动填充柄，可自动在其他单元格中填充与活动单元格内容相关的数据，如序列数据（规律变化的数据，如日期、等差数列）或相同数据。

小提示　利用填充柄填充数据时，还可单击填充区域右下角的"自动填充选项"按钮，在展开的下拉列表中选择需要的填充方式，如图 4-32 所示。例如，要填充序列数据，可选择"填充序列"选项；要填充相同数据，可选择"复制单元格"选项。

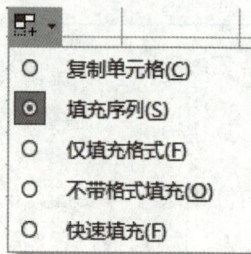

图 4-32 　"自动填充选项"下拉列表

此外，在 Excel 工作表中还可以使用快捷键输入相同数据。为此，可先选择要输入相同数据的多个单元格，然后输入数据，最后按"Ctrl+Enter"组合键确认。

小技巧

在实际应用中，为了保证输入的数据都在其有效范围内，用户可以利用 Excel 2016 提供的数据验证功能为单元格设置条件，以便列出可选项或在数据出错时给出提醒，从而快速、准确地输入数据。例如，为"手机号码"列设置文本长度仅为 11 位的单元格条件，可以保证"手机号码"列中最终输入的数据均为 11 位，且当输入数据不是 11 位时会弹出提醒信息，并要求用户重新输入。

2. 数据编辑

输入数据后，用户可以像编辑 Word 文档中的文本一样，对输入的数据进行各种编辑操作，如移动、复制、查找、替换和清除等。

（1）移动数据：选中要移动数据的单元格或单元格区域，然后将鼠标指针移至所选单元格区域的边缘。待鼠标指针变成 形状时，按住鼠标左键并拖动，到目标位置后释放鼠标左键即可。

（2）复制数据：若在移动数据过程中按住"Ctrl"键，则为复制数据操作。

小提示

移动或复制单元格区域数据时，释放鼠标左键后可单击单元格区域右下角的"快速分析"按钮，在展开的下拉列表中选择相应选项，可快速对数据进行条件格式设置、将数据处理成图表和数据透视表、对数据进行汇总、创建迷你图等，如图 4-33 所示。

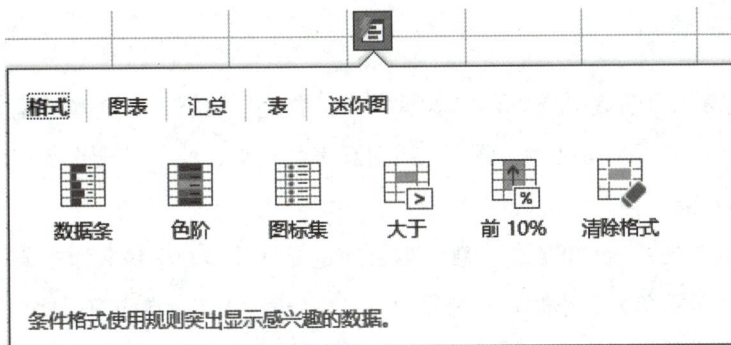

图 4-33　"快速分析"下拉列表

小技巧

选中单元格或单元格区域后，也可使用"开始"选项卡"剪贴板"组中的按钮，或利用快捷键"Ctrl+C"、"Ctrl+X"和"Ctrl+V"来复制、剪切和粘贴所选单元格或单元格区域中的内容，操作方法与在 Word 2016 中的操作相似。与 Word 2016 中的粘贴操作不同的是，在 Excel 2016 中可以粘贴全部内容，也可以只粘贴公式、值等。

（3）查找与替换数据：可利用 Excel 2016 的查找和替换功能实现，操作方法与在 Word 2016 中查找和替换文档中的指定内容相同。

（4）清除数据：选中要清除数据的单元格或单元格区域，然后单击"开始"选项卡"编辑"组中的"清除"按钮，在展开的下拉列表中选择相应选项，可清除单元格中的内容、格式或批注等。

五、导入和引用外部数据

在实际应用中，用户往往需要使用 Excel 2016 对其他系统生成的数据进行加工。Excel 2016 支持的外部数据类型有很多，如 Access 数据库、网站数据、SQL Server 数据库、XML 文件等。

要使用外部数据，首要工作就是将外部数据导入到 Excel 工作表中。在"数据"选项卡的"获取外部数据"组（见图 4-34）中单击相应按钮，然后打开相应文件并根据提示进行操作即可。

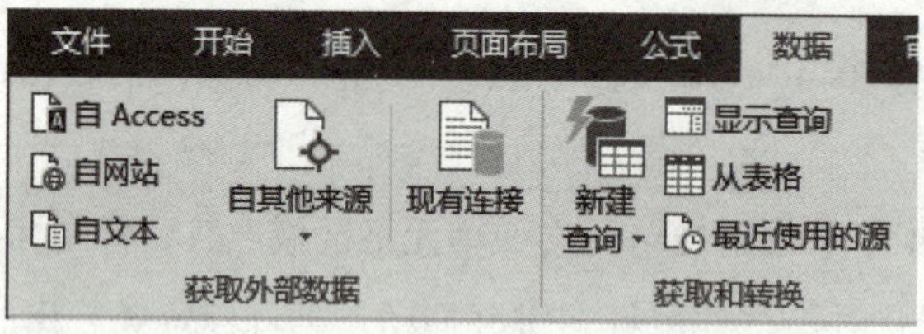

图 4-34　"获取外部数据"组

小提示　大多数情况下，外部数据都可以保存为文本文件（.txt 文件）。在导入文本格式的数据之前，可以先用记事本打开并查看数据源文件，以对数据源的结构有所了解，方便用户设置数据在工作簿中的显示方式和放置位置。

六、数据类型的转换

Excel 2016 中经常使用的数据类型有文本型数据、数值型数据、日期和时间数据等。

（1）文本型数据：文本是指汉字、英文，或由汉字、英文、数字组成的字符串。默认情况下，输入的文本会沿单元格左侧对齐。

（2）数值型数据：在 Excel 2016 中，数值型数据是使用最多，也是最为复杂的数据类型。数值型数据由数字 0~9、正号、负号、小数点、分号"/"、百分号"%"、指数符号"E"或"e"、货币符号"¥"或"$"、千位分隔号","等组成。输入数值型数据时，Excel 自动将其沿单元格右侧对齐。

（3）日期和时间数据：这类数据实际属于数值型数据，用来表示一个日期或时间。日期数据格式为"mm/dd/yy"或"mm-dd-yy"，时间数据格式为"hh:mm(am/pm)"。

在 Excel 2016 中，绝大多数数据类型之间是可以相互转换的。选中要转换数据类型的单元格或单元格区域，然后单击"开始"选项卡"数字"组右下角的对话框启动器按钮 ，打开"设置单元格格式"对话框，在"数字"选项卡的"分类"列表中选择数据类型，并在右侧设置相关格式，最后单击"确定"按钮即可，如图 4-35 所示。

小技巧

选中要转换数据类型的单元格或单元格区域后，也可直接单击"开始"选项卡"数字"组中的相应按钮 ，或单击"数字格式"编辑框 右侧的下拉按钮 ，在展开的下拉列表中选择所需的数字格式，快速转换数据类型，如图4-36所示。

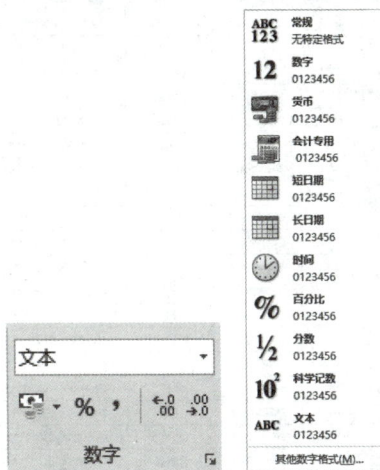

图 4-35　使用对话框转换数据类型　　　　图 4-36　快速转换数据类型

七、设置工作表格式

要对工作表进行格式处理，可先选中要进行格式设置的单元格或单元格区域，然后进行相关操作，主要包括以下几个方面。

（1）设置单元格格式：主要包括设置单元格内容的字符格式和对齐方式，以及设置单元格的边框和底纹等，可利用"开始"选项卡的"字体"组和"对齐方式"中的按钮进行设置，或在"设置单元格格式"对话框中进行设置。

（2）调整行高与列宽：默认情况下，Excel 2016中所有行的行高和所有列的列宽都是相同的。用户可以利用鼠标拖动方式或"开始"选项卡"单元格"组中"格式"下拉列表中的相应选项来调整行高和列宽。

（3）套用表格样式：Excel 2016为用户提供了多种预定义的表格样式，套用这些样式可以快速建立适合不同专业需求且外观精美的工作表。用户可利用"开始"选项卡的"样式"组来设置条件格式或套用表格样式。

实践探索——制作等级考试报名表

全国计算机等级考试是一种重视应试人员对计算机和软件的实际运用能力的考试。考试分为四个等级，其中一级主要考核微型计算机基础知识和使用办公软件及因特网的基本技能。现在请根据报名要求，制作等级考试报名表，效果如图4-37所示。

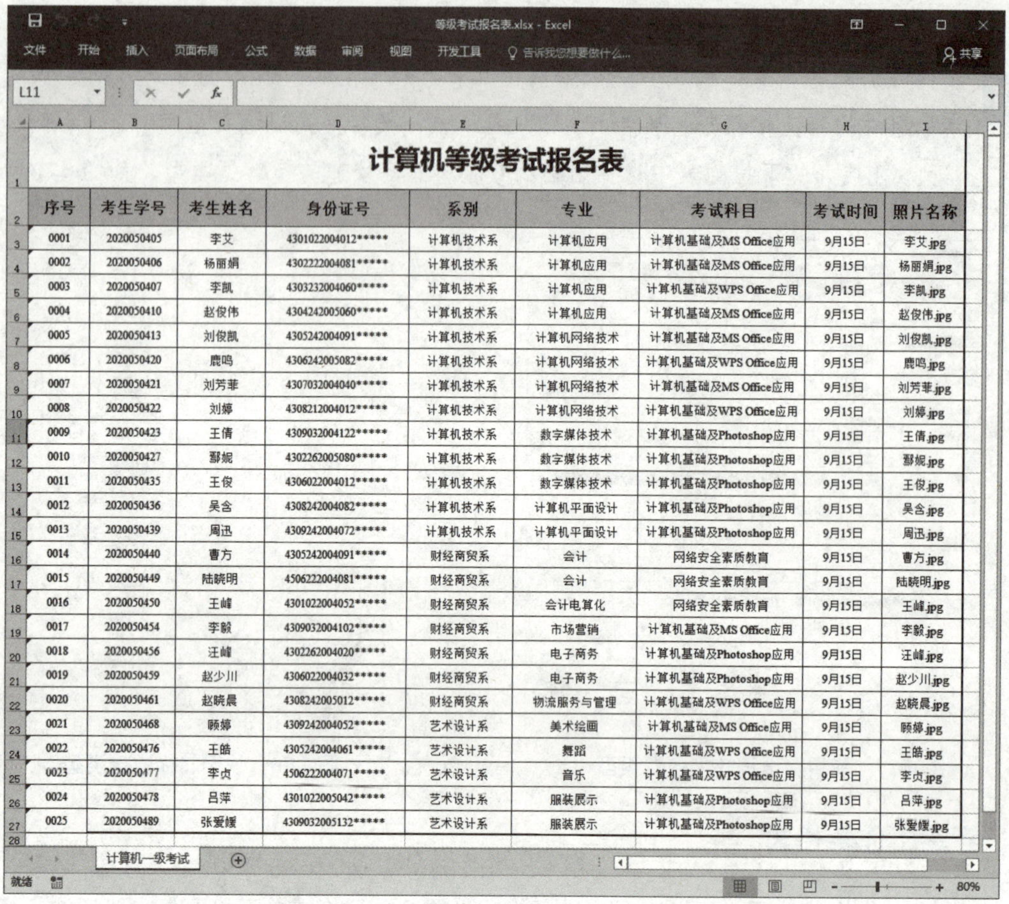

计算机等级考试报名表

序号	考生学号	考生姓名	身份证号	系别	专业	考试科目	考试时间	照片名称
0001	2020050405	李艾	4301022004012*****	计算机技术系	计算机应用	计算机基础及MS Office应用	9月15日	李艾.jpg
0002	2020050406	杨丽娟	4302222004081*****	计算机技术系	计算机应用	计算机基础及MS Office应用	9月15日	杨丽娟.jpg
0003	2020050407	李凯	4303232004060*****	计算机技术系	计算机应用	计算机基础及WPS Office应用	9月15日	李凯.jpg
0004	2020050410	赵俊伟	4304242005060*****	计算机技术系	计算机应用	计算机基础及MS Office应用	9月15日	赵俊伟.jpg
0005	2020050413	刘俊凯	4305242004091*****	计算机技术系	计算机网络技术	计算机基础及MS Office应用	9月15日	刘俊凯.jpg
0006	2020050420	鹿鸣	4306242005082*****	计算机技术系	计算机网络技术	计算机基础及WPS Office应用	9月15日	鹿鸣.jpg
0007	2020050421	刘芳菲	4307032004040*****	计算机技术系	计算机网络技术	计算机基础及MS Office应用	9月15日	刘芳菲.jpg
0008	2020050422	刘婷	4308212004012*****	计算机技术系	计算机网络技术	计算机基础及WPS Office应用	9月15日	刘婷.jpg
0009	2020050423	王倩	4309032004122*****	计算机技术系	数字媒体技术	计算机基础及Photoshop应用	9月15日	王倩.jpg
0010	2020050427	鄢妮	4302262005080*****	计算机技术系	数字媒体技术	计算机基础及Photoshop应用	9月15日	鄢妮.jpg
0011	2020050435	王俊	4306022004012*****	计算机技术系	数字媒体技术	计算机基础及Photoshop应用	9月15日	王俊.jpg
0012	2020050436	吴含	4308242004082*****	计算机技术系	计算机平面设计	计算机基础及Photoshop应用	9月15日	吴含.jpg
0013	2020050439	周迅	4309242004072*****	计算机技术系	计算机平面设计	计算机基础及Photoshop应用	9月15日	周迅.jpg
0014	2020050440	曹方	4305242004091*****	财经商贸系	会计	网络安全素质教育	9月15日	曹方.jpg
0015	2020050449	陆晓明	4506222004081*****	财经商贸系	会计	网络安全素质教育	9月15日	陆晓明.jpg
0016	2020050450	王峰	4301022004052*****	财经商贸系	会计电算化	网络安全素质教育	9月15日	王峰.jpg
0017	2020050454	李毅	4309032004102*****	财经商贸系	市场营销	计算机基础及MS Office应用	9月15日	李毅.jpg
0018	2020050456	汪峰	4302262004020*****	财经商贸系	电子商务	计算机基础及Photoshop应用	9月15日	汪峰.jpg
0019	2020050459	赵少川	4306022004032*****	财经商贸系	电子商务	计算机基础及Photoshop应用	9月15日	赵少川.jpg
0020	2020050461	赵晓晨	4308242005012*****	财经商贸系	物流服务与管理	计算机基础及WPS Office应用	9月15日	赵晓晨.jpg
0021	2020050468	顾婷	4309242004052*****	艺术设计系	美术绘画	计算机基础及MS Office应用	9月15日	顾婷.jpg
0022	2020050476	王皓	4305242004061*****	艺术设计系	舞蹈	计算机基础及WPS Office应用	9月15日	王皓.jpg
0023	2020050477	李贞	4506222004071*****	艺术设计系	音乐	计算机基础及WPS Office应用	9月15日	李贞.jpg
0024	2020050478	吕萍	4301022005042*****	艺术设计系	服装展示	计算机基础及Photoshop应用	9月15日	吕萍.jpg
0025	2020050489	张爱媛	4309032005132*****	艺术设计系	服装展示	计算机基础及Photoshop应用	9月15日	张爱媛.jpg

图 4-37　等级考试报名表效果

（1）新建工作簿“等级考试报名表”，重命名工作表为“计算机一级考试”。

（2）利用直接输入的方法输入“考生学号”“考生姓名”“身份证号”“照片名称”列数据。

（3）利用填充柄快速输入“序号”“考试时间”列数据。

（4）利用快捷键快速输入“系别”“专业”“考试科目”列数据。

（5）合并单元格，并设置单元格的字符格式和对齐方式。

（6）以美观为原则，调整行高和列宽，并为表格添加边框。

自我评价

表 4-1 为本任务的完成情况评价表，请根据实际情况填写。

表 4-1　任务一完成情况评价表

任务要求	能	能，但不熟练	还不能
（1）能否列举常用数据处理软件的功能和特点	□	□	□
（2）能否熟悉 Excel 2016 的工作界面	□	□	□

任务要求	能	能，但不熟练	还不能
（3）能否熟练掌握工作簿、工作表和单元格的基本操作	☐	☐	☐
（4）能否熟练掌握数据输入与编辑的方法	☐	☐	☐
（5）能否熟练掌握导入和引用外部数据的方法	☐	☐	☐
（6）能否熟练掌握数据类型转换的方法	☐	☐	☐
（7）能否熟练掌握工作表格式的设置方法	☐	☐	☐
对本任务的一些想法和感悟			

任务二　使用 Excel 2016 加工数据

任务解读

Excel 2016 提供了数量众多、类型丰富的实用函数，用户可以利用运算符和函数构建出各种公式以满足计算、统计和分析的需要。此外，用户还可以利用 Excel 2016 提供的排序、筛选和分类汇总功能对工作表中的数据进行分析和处理，以方便对其进行查看、比较和分析。

在本任务中，我们需了解 Excel 2016 的公式、函数，以及排序、筛选和分类汇总功能，掌握使用它们加工数据的方法。

体验探究——加工学生成绩表数据

学生成绩是学生阶段性学习效果的直观体现，对成绩数据进行加工处理，可以更好地了解学生的学习情况。下面对学生成绩表数据进行加工，首先使用函数和公式计算总分和平均分，然后对数据进行排序、筛选和分类汇总。

加工学生成绩表数据

一、使用函数计算总分

步骤 1▶ 打开本书配套素材"项目四"/"任务二"/"学生成绩表"工作簿，在"成绩数据"工作表中选中要计算总分的 J2 单元格，然后单击"开始"选项卡"编辑"组中的"自动求和"按钮，可看到 J2 单元格和编辑栏中自动显示函数及要计算的单元格区域，如图 4-38 所示。

步骤 2▶ 确认要计算的单元格区域无误后，按"Enter"键或单击编辑栏中的"输入"按钮✔，计算出第一个学生的总分。

> **小提示** 如果自动显示的要计算的单元格区域不正确，可在工作表中拖动鼠标重新选择。

步骤 3▶ 将鼠标指针移到 J2 单元格的填充柄处，待鼠标指针变为➕形状时，按住鼠标左键并向下拖动，至 J31 单元格后释放鼠标左键，将求和公式复制到其他单元格中，计算其他学生的总分，如图 4-39 所示。

图 4-38　自动显示函数及要计算的单元格区域

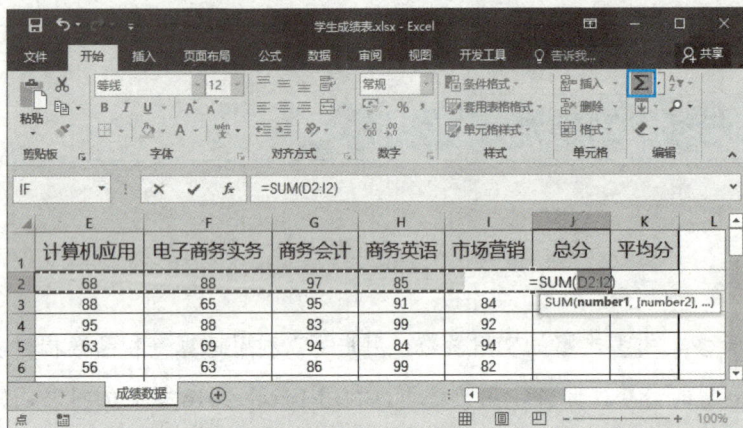

图 4-39　计算其他学生总分

二、使用公式计算平均分

步骤 1▶ 选中要计算平均分的 K2 单元格，输入等号"="，然后单击 J2 单元格，再继续输入"/6"，最后单击编辑栏中的"输入"按钮✔，即可计算出第一个学生的平均分，如图 4-40 所示。

步骤 2▶ 将鼠标指针移到 K2 单元格的填充柄处，待鼠标指针变为➕形状时，按住鼠标左键并向下拖动，至 K31 单元格后释放鼠标左键，将公式复制到其他单元格中，计算其他学生的平均分，如图 4-41 所示。

市场营销	总分	平均分
90	504	84.00
84	506	84.33
92	525	87.50
94	492	82.00
82	481	80.17
76	491	81.83
96	484	80.67
88	506	84.33
83	516	86.00
68	435	72.50
88	485	80.83
95	451	75.17
63	476	79.33
56	464	77.33
84	505	84.17
85	458	76.33
85	478	79.67
80	460	76.67
57	433	72.17
88	502	83.67
77	461	76.83
81	435	72.50
78	510	85.00
93	499	83.17
87	486	81.00
86	444	74.00
84	478	79.67
38	462	77.00
78	524	87.33
60	431	71.83

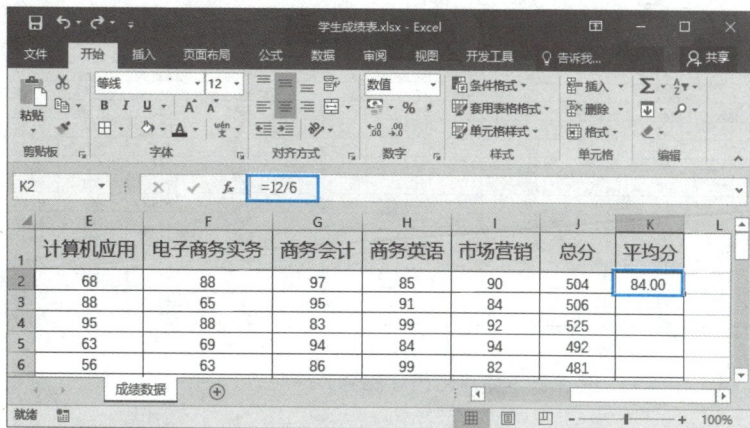

图 4-40　使用公式计算第一个学生的平均分　　　**图 4-41　计算其他学生的平均分**

小技巧　　双击填充柄，可快速自动填充当前列数据。

三、排序数据

将成绩数据按总分降序排列，若总分相同，则按"电子商务实务"科目成绩降序排列，并将排序结果保存在"数据排序"工作表中。

步骤1▶　单击"成绩数据"工作表标签，然后按住"Ctrl"键的同时向右拖动，复制当前工作表，并将复制的工作表重命名为"数据排序"。

步骤2▶　在"数据排序"工作表中选中数据区域中的任一单元格，然后单击"数据"选项卡"排序和筛选"组中的"排序"按钮，打开"排序"对话框。

步骤3▶　在"主要关键字"下拉列表中选择"总分"选项，并在"次序"下拉列表中选择"降序"选项。然后单击"添加条件"按钮，添加一个次要条件，并参照图4-42设置次要关键字的条件。

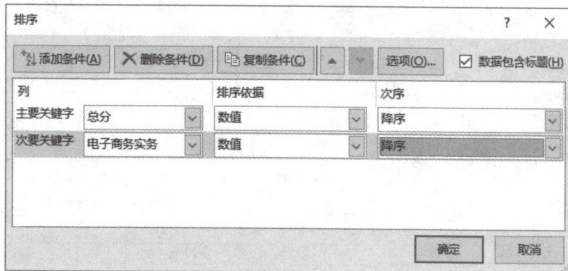

图 4-42　设置主要关键字和次要关键字条件

步骤4▶　单击"确定"按钮，此时系统先按照主要关键字条件对工作表中的数据进行排序；若主要关键字数据相同，则将数据相同的行按照次要关键字进行排序，效果如图 4-43 所示。如果有多个次要关键字，可重复步骤 3。

	A	B	C	D	E	F	G	H	I	J	K
1	学号	班级	姓名	职业道德与就业指导	计算机应用	电子商务实务	商务会计	商务英语	市场营销	总分	平均分
2	20200401003	1	张华	68	95	88	83	99	92	525	87.50
3	20200401029	3	赵力明	93	82	80	95	96	78	524	87.33
4	20200401009	1	林立	85	80	88	97	83	83	516	86.00
5	20200401023	3	马伟明	88	75	84	89	96	78	510	85.00
6	20200401008	1	刘曙光	84	85	94	92	63	88	506	84.33
7	20200401002	1	赵青芳	83	88	65	95	91	84	506	84.33
8	20200401015	2	姜鹏飞	95	67	96	88	75	84	505	84.17
9	20200401001	1	黄志新	76	68	88	97	85	90	504	84.00
10	20200401020	2	蒋——	83	54	95	88	94	88	502	83.67
11	20200401024	3	曾明平	65	65	85	93	98	93	499	83.17
12	20200401004	1	李丽华	88	63	69	94	84	94	492	82.00
13	20200401006	1	江一鸣	63	84	88	84	96	76	491	81.83
14	20200401025	3	刘薇	88	90	56	96	69	87	486	81.00
15	20200401011	2	田中辉	80	88	85	78	66	88	485	80.83
16	20200401007	1	王秀芳	56	85	85	95	67	96	484	80.67

图 4-43　多关键字排序结果（部分）

> **小提示**　需要注意的是，进行数据加工（排序、筛选、分类汇总）的工作表中必须有列标题。此外，数据表中最好不要包含合并单元格、多重列标题或不规则数据区域等。

四、筛选数据

1. 自动筛选

将"职业道德与就业指导"科目成绩大于 80 的学生筛选出来，并将筛选结果保存在"数据筛选"工作表中。

步骤 1▶　切换到"成绩数据"工作表，然后按住"Ctrl"键的同时向右拖动"成绩数据"工作表标签，在最右侧复制当前工作表，并将复制的工作表重命名为"数据筛选"。

步骤 2▶　在"数据筛选"工作表中选中数据区域中的任一单元格，或选中要参与数据筛选的单元格区域 A1:K31，然后单击"数据"选项卡"排序和筛选"组中的"筛选"按钮，此时标题行单元格的右侧将出现筛选按钮，如图 4-44 所示。

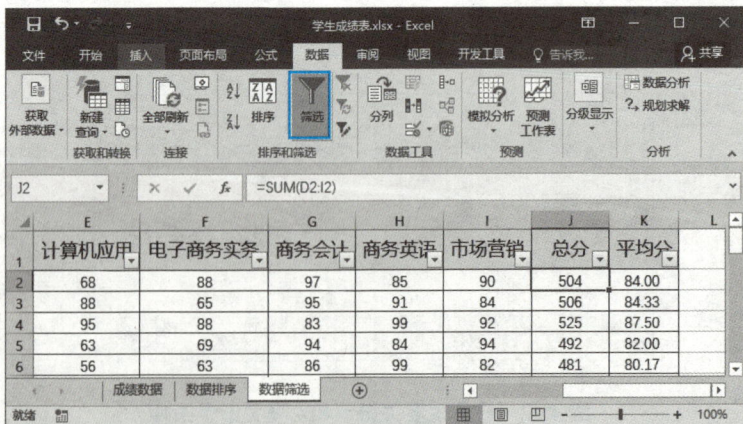

图 4-44　启用自动筛选

步骤3▶　单击"职业道德与就业指导"列标题右侧的筛选按钮⏷，在展开的下拉列表中选择"数字筛选"/"大于"选项，打开"自定义自动筛选方式"对话框，在"大于"下拉列表框右侧的编辑框中输入"80"，如图4-45所示。

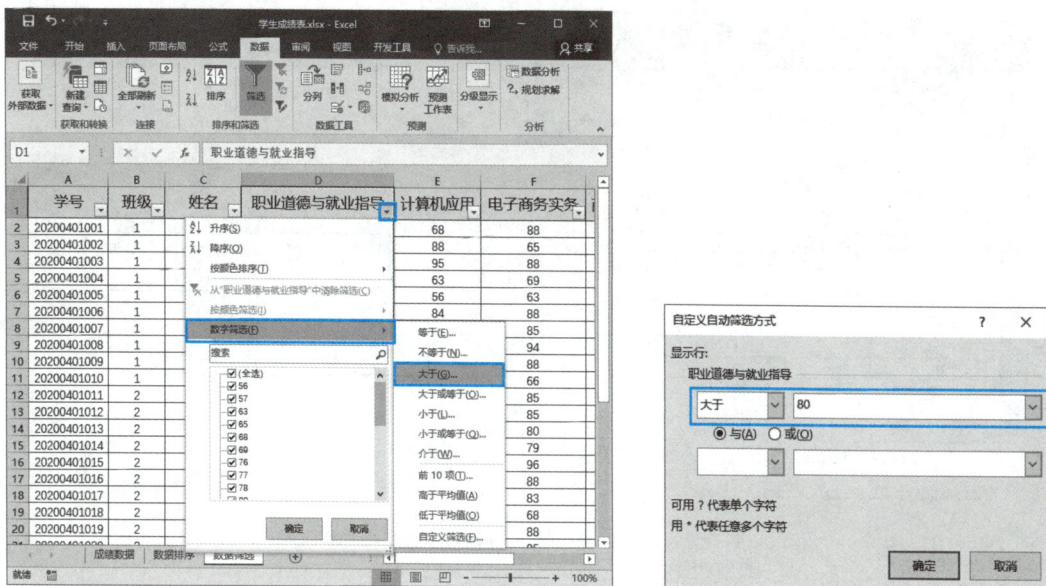

图4-45　设置自动筛选方式

步骤4▶　单击"确定"按钮，此时"职业道德与就业指导"科目成绩小于等于80的学生记录将被隐藏，效果如图4-46所示。

图4-46　自动筛选结果

2. 高级筛选

将"电子商务实务""商务会计""商务英语""市场营销"各科目成绩均大于80的学生筛选出来，并将筛选结果保存在"高级筛选"工作表中。

步骤1▶　切换到"成绩数据"工作表，然后按住"Ctrl"键的同时向右拖动"成绩数据"工作表标签，在最右侧复制当前工作表，并将复制的工作表重命名为"高级筛选"。

步骤2▶ 在"高级筛选"工作表的空白单元格中输入筛选条件的列标题和对应的值，然后选中数据区域中的任一单元格，再单击"数据"选项卡"排序和筛选"组中的"高级"按钮（见图4-47），打开"高级筛选"对话框。

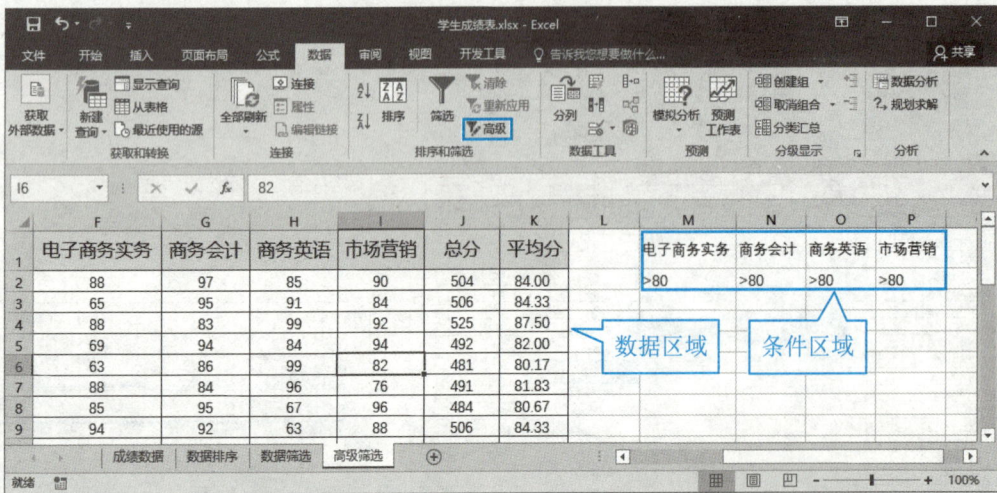

图 4-47 输入筛选条件

> **小提示**
>
> 需要注意的是，条件区域与数据区域之间至少要有一个空列或空行。此外，筛选条件的列标题要与数据表中的列标题一致；当筛选条件的值位于同一行时表示"且"的关系，位于不同行时表示"或"的关系。

步骤3▶ 在"高级筛选"对话框中选中"将筛选结果复制到其他位置"单选钮，然后确认"列表区域"（即数据区域）中显示的单元格区域是否正确，如图4-48所示。

步骤4▶ 在"条件区域"编辑框中单击，然后在工作表中拖动鼠标选择步骤2设置的条件区域，松开鼠标，可在"条件区域"编辑框中看到选择的条件，如图4-49所示。

步骤5▶ 在"复制到"编辑框中单击，然后在工作表中单击A33单元格，将其设置为筛选结果放置区左上角的单元格，如图4-50所示。

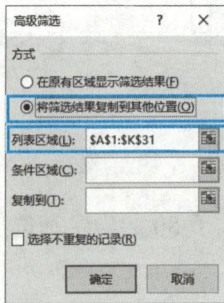

图 4-48 设置筛选方式和列表区域　　图 4-49 设置条件区域　　图 4-50 设置筛选结果放置位置

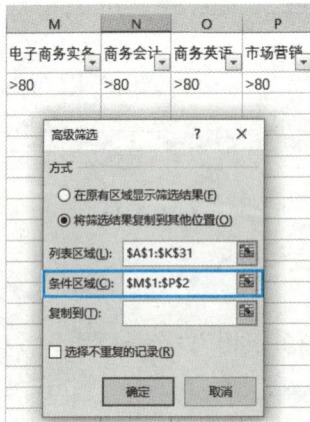

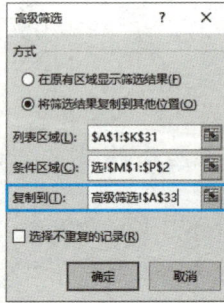

步骤6▶　单击"确定"按钮，系统将根据筛选条件对工作表数据进行筛选，并将筛选结果放置到指定区域，如图4-51所示。

图4-51　高级筛选结果

五、分类汇总数据

将成绩数据以"班级"作为分类字段，对各科目成绩求平均值汇总，并将汇总结果保存在"分类汇总"工作表中。

步骤1▶　切换到"成绩数据"工作表，然后按住"Ctrl"键的同时向右拖动"成绩数据"工作表标签，在最右侧复制当前工作表，并将复制的工作表重命名为"分类汇总"。

步骤2▶　在"分类汇总"工作表中选中"班级"列的任一单元格，然后单击"数据"选项卡"排序和筛选"组中的"升序"按钮 $\frac{A}{Z}\downarrow$，对"班级"列数据进行升序排列。

> **小提示**
>
> 要进行分类汇总，数据表的第一行必须有列标题，而且在分类汇总前必须对作为分类字段的列进行排序。

步骤3▶　选中数据区域的任一单元格，然后单击"数据"选项卡"分级显示"组中的"分类汇总"按钮，打开"分类汇总"对话框。在"分类字段"下拉列表中选择要分类的字段"班级"；在"汇总方式"下拉列表中选择汇总方式"平均值"；在"选定汇总项"列表框中选择要汇总的各科目，如图4-52所示。

步骤4▶　单击"确定"按钮，即可将成绩数据按班级对各科目成绩进行求平均值汇总，如图4-53所示。

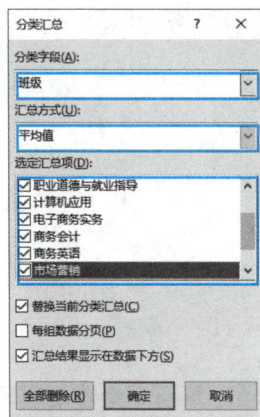

图4-52　设置分类汇总的参数　　　　图4-53　按班级对各科目成绩进行求平均值汇总效果

小技巧

若希望对该表继续以“班级”作为分类字段，选择其他汇总方式和汇总项进行分类汇总，可再次打开“分类汇总”对话框，在“汇总方式”下拉列表中选择其他汇总方式，在“选定汇总项”列表框中选择其他汇总项，然后取消选中“替换当前分类汇总”复选框，最后单击“确定”按钮。该方式也称为多重（嵌套）分类汇总。

步骤 5▶ 对工作表中的数据进行分类汇总后，在工作表的左上方将显示分级显示符号 1 2 3。单击分级显示符号 2，将显示 2 级数据，较低级别的明细数据将隐藏起来，如图 4-54 所示。

	A	B	C	D	E	F	G	H
1	学号	班级	姓名	职业道德与就业指导	计算机应用	电子商务实务	商务会计	商务英语
12		**1 平均值**		78.3	76.1	79.4	91.4	83.5
23		**2 平均值**		83.8	73	84.7	77.4	74.2
34		**3 平均值**		83.1	81.1	73.5	77.9	81.2
35		**总计平均值**		81.73333333	76.73333333	79.2	82.2333333	79.6333333
36								

图 4-54　分级显示数据

小提示

除分级显示符号外，工作表左侧还显示折叠按钮 −。单击折叠按钮 − 可以隐藏对应汇总项的原始数据；此时该按钮变为展开按钮 +，单击该按钮将显示原始数据，如图 4-55 所示。

	A	B	C	D	E	F	G	H
1	学号	班级	姓名	职业道德与就业指导	计算机应用	电子商务实务	商务会计	商务英语
2	20200401001	1	黄志新	76	68	88	97	85
3	20200401002	1	赵青芳	83	88	65	95	91
4	20200401003	1	张华	68	95	88	83	99
5	20200401004	1	李丽华	88	63	69	94	84
6	20200401005	1	黎娟娟	95	56	63	86	99
7	20200401006	1	江一鸣	63	84	88	84	96
8	20200401007	1	王秀芳	56	85	85	95	67
9	20200401008	1	刘曙光	84	85	94	92	63
10	20200401009	1	林立	85	80	88	97	83
11	20200401010	1	唐风林	85	57	66	91	68
12		**1 平均值**		78.3	76.1	79.4	91.4	83.5
23		**2 平均值**		83.8	73	84.7	77.4	74.2
34		**3 平均值**		83.1	81.1	73.5	77.9	81.2
35		**总计平均值**		81.73333333	76.73333333	79.2	82.2333333	79.6333333

图 4-55　展开汇总项的原始数据

必备知识

一、使用公式和函数

1. 公式和函数

公式由运算符和参与运算的操作数组成。运算符可以是算术运算符、比较运算符、文本运算符和引用运算符；操作数可以是常量、单元格引用和函数等。要输入公式必须先输入“=”，然后在其后输入运算符和操作数，否则 Excel 2016 会将输入的内容作为文本型数据处理。图 4-56 是未使用函数和使用函数的公式。

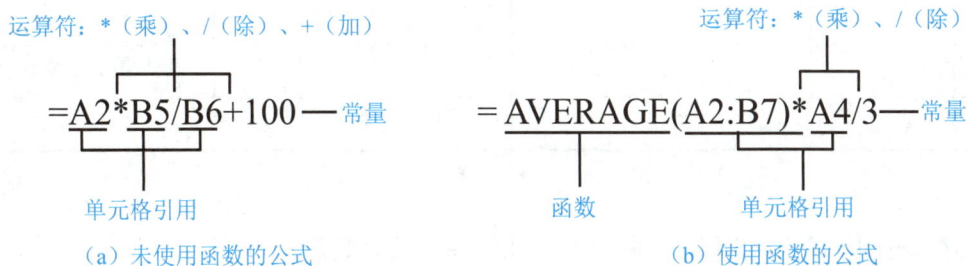

图 4-56　公式组成元素

图 4-56a 中公式的含义是：求 A2 单元格与 B5 单元格之积再除以 B6 单元格后加 100 的值；图 4-56b 中公式的含义是：使用函数 AVERAGE 求 A2:B7 单元格区域的平均值，并将求出的平均值乘以 A4 单元格后再除以 3。计算结果将显示在输入公式的单元格中。

函数是预先定义好的表达式，它必须包含在公式中。每个函数都由函数名和参数组成，函数名表示将执行的操作（如求平均值函数 AVERAGE），参数表示函数将使用的值的单元格地址，通常是一个单元格区域，也可以是更为复杂的内容。在公式中合理地使用函数，可以完成诸如求和、求平均值、逻辑判断等数据处理操作。

2. 公式中的运算符

运算符是用来对公式中的元素进行运算而规定的特殊符号。Excel 2016 包含 4 种类型的运算符：文本运算符、算术运算符、比较运算符和引用运算符。

（1）文本运算符。

使用文本运算符"&"（与号）可将两个或多个文本值串起来产生一个连续的文本值。

（2）算术运算符。

算术运算符如表 4-2 所示。它们的作用是完成基本的数学运算并产生数值结果。

表 4-2　算术运算符及其含义

算术运算符	含　义	实　例
＋（加号）	加法	A1+A2
－（减号）	减法或负数	A1−A2
*（星号）	乘法	A1*2
/（正斜杠）	除法	A1/3
%（百分号）	百分比	50%
^（脱字号）	乘方	2^3

（3）比较运算符。

比较运算符如表 4-3 所示。它们的作用是比较两个值并得出一个逻辑值，即"TRUE"（真）或"FALSE"（假）。

表 4-3　比较运算符及其含义

比较运算符	含　义	比较运算符	含　义
＞（大于号）	大于	＞＝（大于等于号）	大于等于
＜（小于号）	小于	＜＝（小于等于号）	小于等于
＝（等于号）	等于	＜＞（不等于号）	不等于

（4）引用运算符。

引用运算符如表 4-4 所示。它们的作用是对单元格区域中的数据进行合并计算。

表 4-4　引用运算符及其含义

引用运算符	含　义	实　例
:（冒号）	区域运算符，用于引用单元格区域	B5:D15
,（逗号）	联合运算符，用于引用多个单元格区域	B5:D15,F5:I15
（空格）	交叉运算符，用于引用两个单元格区域的交叉部分	B7:D7 C6:C8

3. 单元格引用

单元格引用用于指明公式中所使用数据的位置，它可以是单个单元格地址，也可以是单元格区域。通过单元格引用，可以在一个公式中使用工作表中不同部分的数据，或者在多个公式中使用同一个单元格中的数据，还可以引用同一个工作簿不同工作表中的数据。当公式中引用的单元格数值发生变化时，公式的计算结果会自动更新。

（1）相同或不同工作簿、工作表间的引用。

对于同一个工作表中的单元格引用，直接输入单元格或单元格区域地址即可。

在当前工作表中引用同一工作簿、不同工作表中的单元格或单元格区域地址的表示方法为

工作表名称!单元格或单元格区域地址

例如，Sheet2!F8:F16，表示引用 Sheet2 工作表 F8:F16 单元格区域中的数据。

在当前工作表中引用不同工作簿中的单元格或单元格区域地址的表示方法为

[工作簿名称.xlsx]工作表名称!单元格或单元格区域地址

（2）相对引用、绝对引用和混合引用。

Excel 公式中的引用分为相对引用、绝对引用和混合引用 3 种。

➢ **相对引用：** 是 Excel 默认的单元格引用方式。它直接用单元格的列标和行号表示单元格，如 B5；或用引用运算符表示单元格区域，如 B5:D15。在移动或复制公式时，系统会根据移动的位置自动调整公式中相对引用的单元格地址。

➢ **绝对引用：** 指在单元格的列标和行号前面都加上 "$" 符号，如$B$5。不论将公式复制或移动到什么位置，绝对引用的单元格地址都不会改变。

➢ **混合引用：** 指引用中既包含绝对引用又包含相对引用，如 A$1 或$A1 等，用于表示列变行不变或列不变行变的引用。

二、排序、筛选和分类汇总

除了可以利用公式和函数对工作表数据进行计算和处理外，还可以利用 Excel 2016 提供的数据排序、数据筛选、分类汇总等功能来管理和分析工作表中的数据。

- **数据排序**：利用排序功能可以对整个数据表或选择的单元格区域中的数据按文本、数字、日期和时间等进行升序或降序排列。
- **数据筛选**：利用筛选功能可使数据表中仅显示满足条件的行，不满足条件的行将被隐藏。Excel 2016 提供了两种筛选方式——自动筛选和高级筛选。无论使用哪种筛选方式，要进行筛选操作，数据表中必须有列标题。
- **分类汇总**：利用分类汇总功能可以将数据表中的数据分门别类地统计处理，不需要建立公式，Excel 2016 会自动对各类别的数据进行求和、求平均值等多种计算。分类汇总有简单分类汇总和嵌套分类汇总之分。无论使用哪种汇总方式，进行分类汇总的数据表的第一行必须有列标题，而且在分类汇总前必须对作为分类字段的列进行排序。

实践探索——加工建筑材料销售表数据

产品销售表是产品销售情况的记录与统计，对销售数据进行加工处理，可以更全面地了解产品的销售情况，使销售人员可以根据加工处理结果调整采购及营销策略等。下面打开本书配套素材“项目四”/“任务二”/“建筑材料销售表”，对销售数据进行加工处理，效果如图 4-57～图 4-61 所示。

（1）使用公式计算产品金额，使用 SUM 函数计算产品合计。

（2）使用自动筛选功能筛选出金额大于 1 000 000 元的销售记录。

（3）使用高级筛选功能筛选出销售数量大于 2 000 且销售金额大于 1 000 000 元的销售记录。

（4）使用分类汇总将销售数据以产品名称为分类字段，对数量和金额进行求和汇总。

（5）使用多重分类汇总将销售数据以产品名称为分类字段，对数量进行求平均值汇总，对金额进行求和汇总。

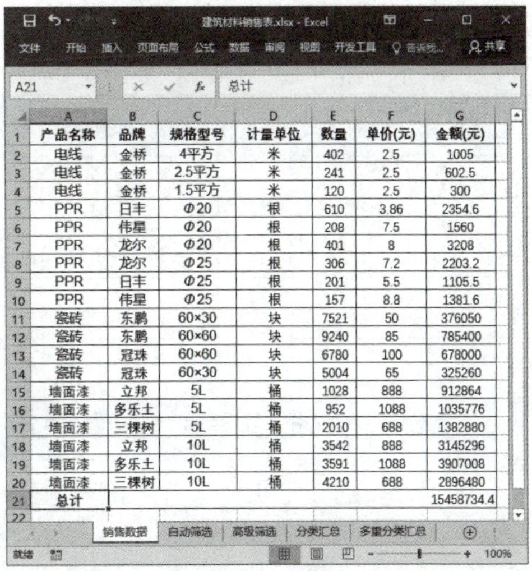

	A	B	C	D	E	F	G
1	产品名称	品牌	规格型号	计量单位	数量	单价(元)	金额(元)
2	电线	金桥	4平方	米	402	2.5	1005
3	电线	金桥	2.5平方	米	241	2.5	602.5
4	电线	金桥	1.5平方	米	120	2.5	300
5	PPR	日丰	Φ20	根	610	3.86	2354.6
6	PPR	伟星	Φ20	根	208	7.5	1560
7	PPR	龙尔	Φ20	根	401	8	3208
8	PPR	龙尔	Φ25	根	306	7.2	2203.2
9	PPR	日丰	Φ25	根	201	5.5	1105.5
10	PPR	伟星	Φ25	根	157	8.8	1381.6
11	瓷砖	东鹏	60×30	块	7521	50	376050
12	瓷砖	东鹏	60×60	块	9240	85	785400
13	瓷砖	冠珠	60×60	块	6780	100	678000
14	瓷砖	冠珠	60×30	块	5004	65	325260
15	墙面漆	立邦	5L	桶	1028	888	912864
16	墙面漆	多乐士	5L	桶	952	1088	1035776
17	墙面漆	三棵树	5L	桶	2010	688	1382880
18	墙面漆	立邦	10L	桶	3542	888	3145296
19	墙面漆	多乐士	10L	桶	3591	1088	3907008
20	墙面漆	三棵树	10L	桶	4210	688	2896480
21	总计						15458734.4
22							

图 4-57　使用公式和函数计算产品金额和合计

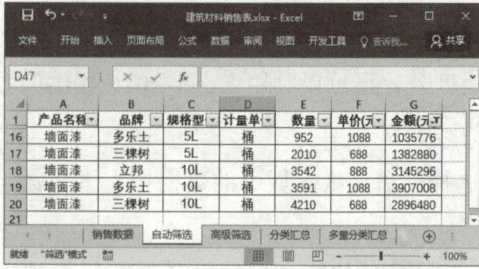

图 4-58　自动筛选

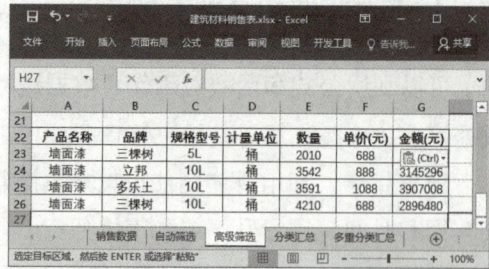

图 4-59　高级筛选

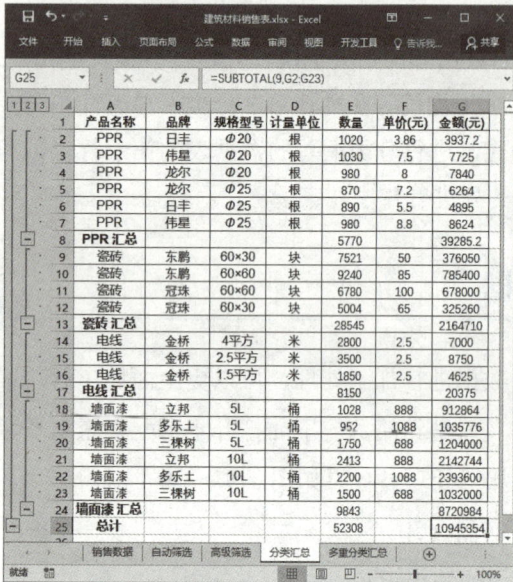

图 4-60　分类汇总

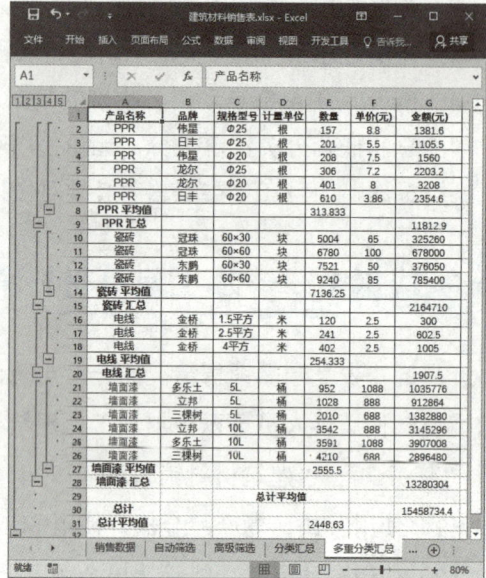

图 4-61　多重分类汇总

自我评价

表 4-5 为本任务的完成情况评价表，请根据实际情况填写。

表 4-5　任务二完成情况评价表

任务要求	能	能，但不熟练	还不能
（1）能否熟练掌握公式和函数的使用方法	☐	☐	☐
（2）能否熟练掌握数据排序的方法	☐	☐	☐
（3）能否熟练掌握数据筛选的方法	☐	☐	☐
（4）能否熟练掌握数据分类汇总的方法	☐	☐	☐
对本任务的一些想法和感悟			

任务三 使用 Excel 2016 分析数据

任务解读

Excel 2016 中的图表可以将工作表中的数据以图形化的方式表示出来。它具有较好的视觉效果，可以使平面的数据立体化，方便用户比较数据和预测趋势。

在本任务中，我们学习使用统计图表、数据透视表和数据透视图对数据进行分析。

体验探究——分析手机销售表数据

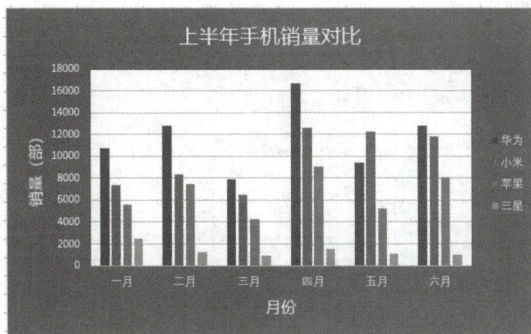

产品销售表是产品销售情况的记录与统计，使用图表可以将销售数据更直观地展示出来，方便用户从不同角度进行查看和比较。下面对手机销售表数据进行分析，制作品牌销量对比图表、综合销量分析数据透视表和数据透视图，效果如图 4-62 和图 4-63 所示。

分析手机销售表数据

图 4-62 品牌销量对比图

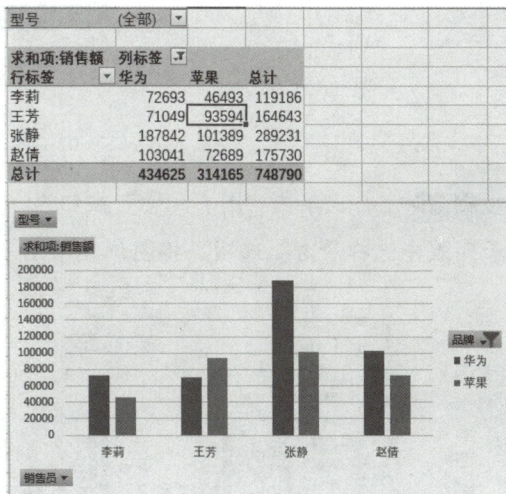

图 4-63 综合销量分析数据透视图表

一、制作品牌销量对比图表

步骤 1▶ 打开本书配套素材"项目四"/"任务三"/"手机销售表"工作簿，然后在"品牌销量分析"工作表中选中要创建图表的数据区域 A1:G5，然后单击"插入"选项卡"图表"组中的"插入柱形图或条形图"按钮，在展开的下拉列表中选择"簇状柱形图"，此时将在工作表中插入一张簇状柱形图，如图 4-64 所示。

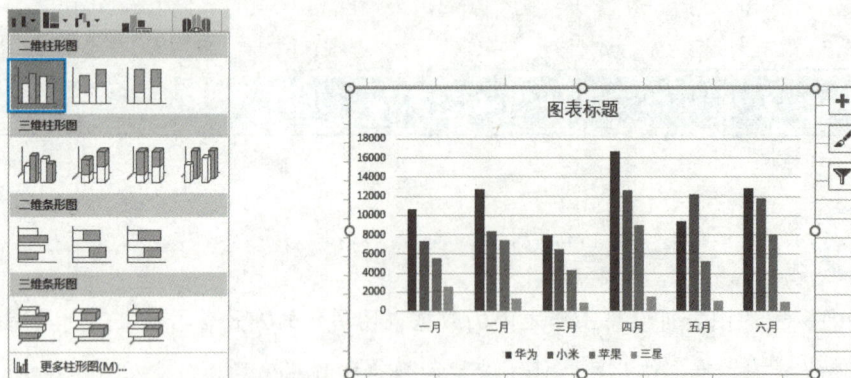

图 4-64　选择图表类型并插入图表

步骤2▶　单击图表右上角的"图表元素"按钮 ⊞，在展开的列表中选中"坐标轴标题"复选框，为图表添加坐标轴标题，如图 4-65 所示。

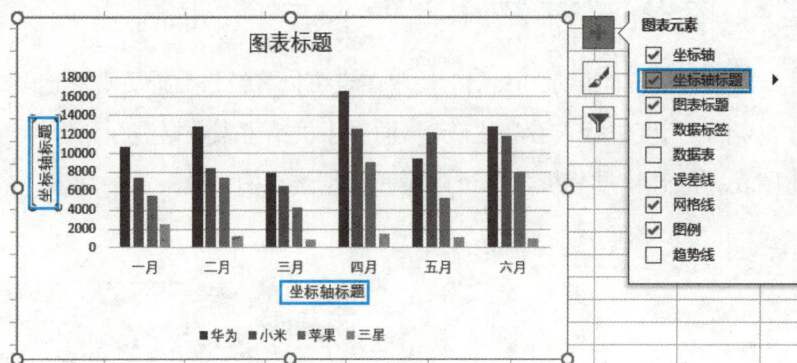

图 4-65　为图表添加坐标轴标题

步骤3▶　再次单击"图表元素"按钮 ⊞，在展开的列表中单击"图例"选项右侧的 ▶ 按钮，在展开的子列表中选择"右"选项，将图例置于图表右侧，如图 4-66 所示。

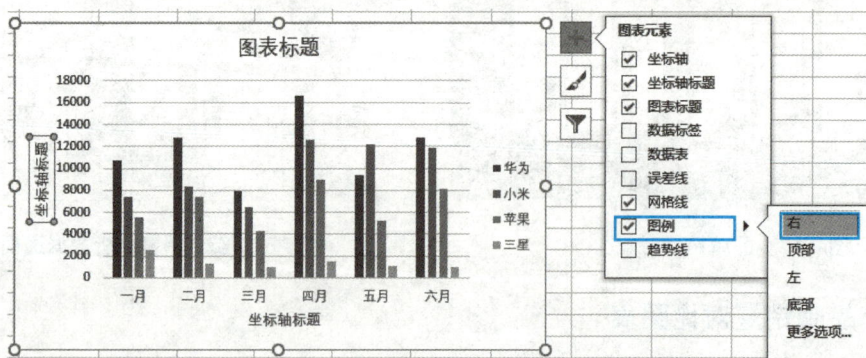

图 4-66　更改图例位置

步骤4▶　将图表标题改为"上半年手机销量对比"，纵坐标轴标题改为"销量（部）"，横坐标轴标题改为"月份"，如图 4-67 所示。

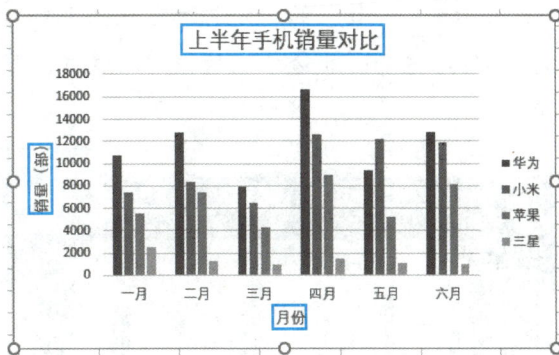

图 4-67　输入图表标题和坐标轴标题

步骤 5▶　将鼠标指针移到图表空白处，待显示"图表区"字样时单击，选中图表区，如图 4-68 所示。然后切换到"图表工具/格式"选项卡，单击"形状样式"组中的"形状填充"按钮右侧的下拉按钮，在展开的颜色列表中选择"浅蓝"选项，如图 4-69 所示。

小提示　用户也可在"图表工具/格式"选项卡"当前所选内容"组中单击"图表元素"编辑框 图表区 右侧的下拉按钮，在展开的下拉列表（见图 4-70）中选择图表组成元素。

在对图表的各组成元素进行设置时，都需要先选中要设置的元素，用户可参考选择图表区的方法来选择图表的其他组成元素。

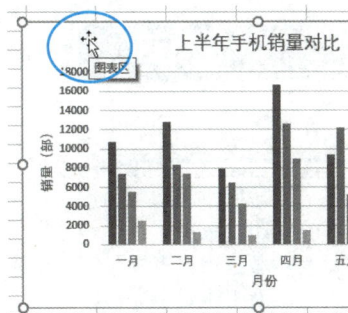

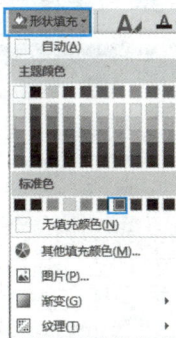

图 4-68　选中图表区　　　图 4-69　设置图表区填充颜色　　图 4-70　"图表元素"下拉列表

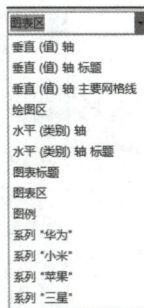

步骤 6▶　在"图表元素"下拉列表中选择"绘图区"选项，选中图表的绘图区，然后在"形状样式"组的列表中选择一种样式，如图 4-71 所示。

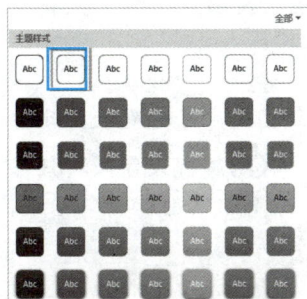

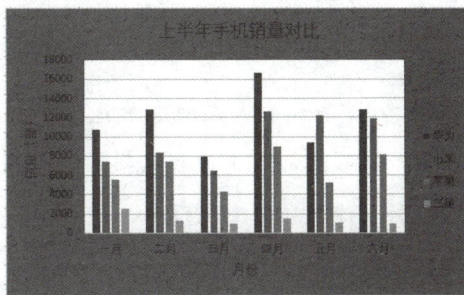

图 4-71　为绘图区应用系统内置样式

步骤7▶ 利用"开始"选项卡的"字体"组，分别设置图表标题，横、纵坐标轴标题，横、纵坐标轴，以及图例的字符格式。然后拖动图表边框上的控制点适当调整图表大小，效果如图 4-72 所示。

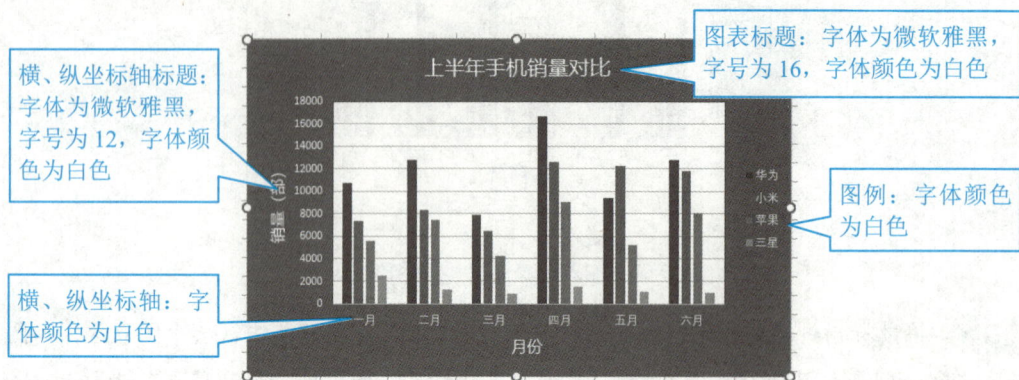

横、纵坐标轴标题：字体为微软雅黑，字号为 12，字体颜色为白色

图表标题：字体为微软雅黑，字号为 16，字体颜色为白色

图例：字体颜色为白色

横、纵坐标轴：字体颜色为白色

图 4-72　美化后的图表效果

二、制作综合销量分析数据透视表

步骤1▶ 切换到"综合销量分析"工作表，选中任一非空单元格，然后单击"插入"选项卡"表格"组中的"数据透视表"按钮，打开"创建数据透视表"对话框，在"表/区域"编辑框中自动显示了数据源区域，确认其无误后选中"现有工作表"单选钮，然后在工作表中单击要放置数据透视表的单元格区域左上角的单元格，如 H1，如图 4-73 所示。

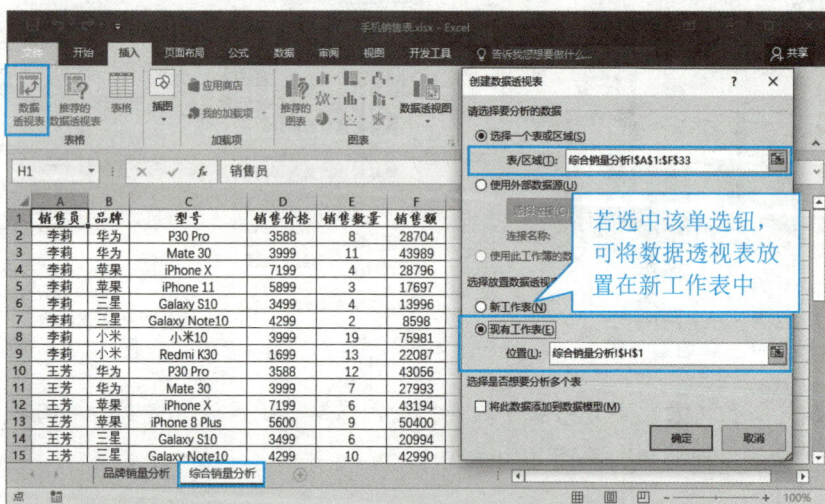

图 4-73　创建数据透视表

步骤2▶ 单击"确定"按钮，在所选单元格处添加一个空的数据透视表。此时，功能区自动显示"数据透视表工具"选项卡，且工作表编辑区的右侧显示"数据透视表字段"任务窗格，供用户为数据透视表添加字段和创建数据透视表布局，如图 4-74 所示。

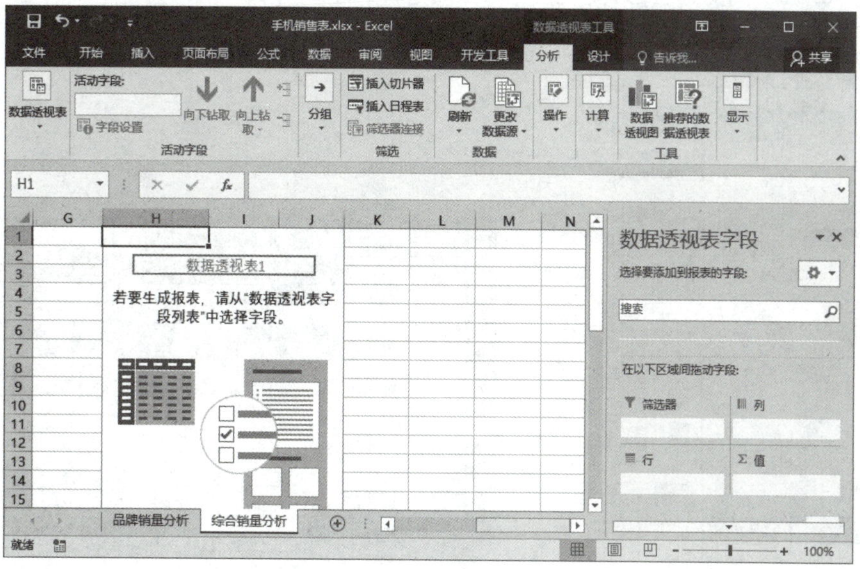

图 4-74 数据透视表框架

步骤3▶ 在"数据透视表字段"任务窗格中，将"品牌"字段拖到"列"区域，将"销售员"字段拖到"行"区域，将"销售额"字段拖到"值"区域，将"型号"字段拖到"筛选器"区域，即可汇总出各品牌、各销售员的销售总额，以及各销售员销售的不同品牌的销售额合计，如图 4-75 所示。

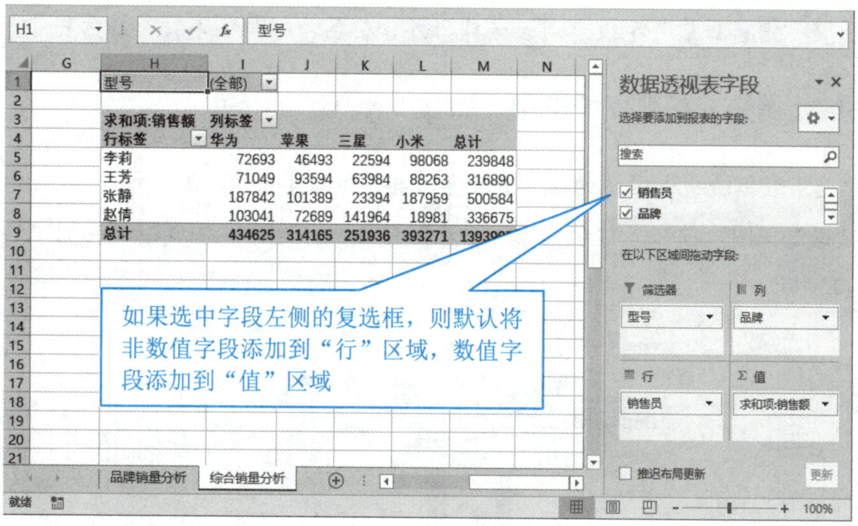

图 4-75 对数据透视表进行布局

步骤4▶ 单击"行标签"右侧的筛选按钮，在展开的下拉列表中取消"全选"复选框的选中，然后选择要查看的销售员，如"李莉"，单击"确定"按钮，即可查看指定销售员的销售数据汇总，如图 4-76 所示。

步骤5▶ 使用与步骤4相同的方法，利用"列标签"右侧的筛选按钮，可查看指定品牌的汇总数据；利用"型号"筛选按钮，可查看指定型号的汇总数据。

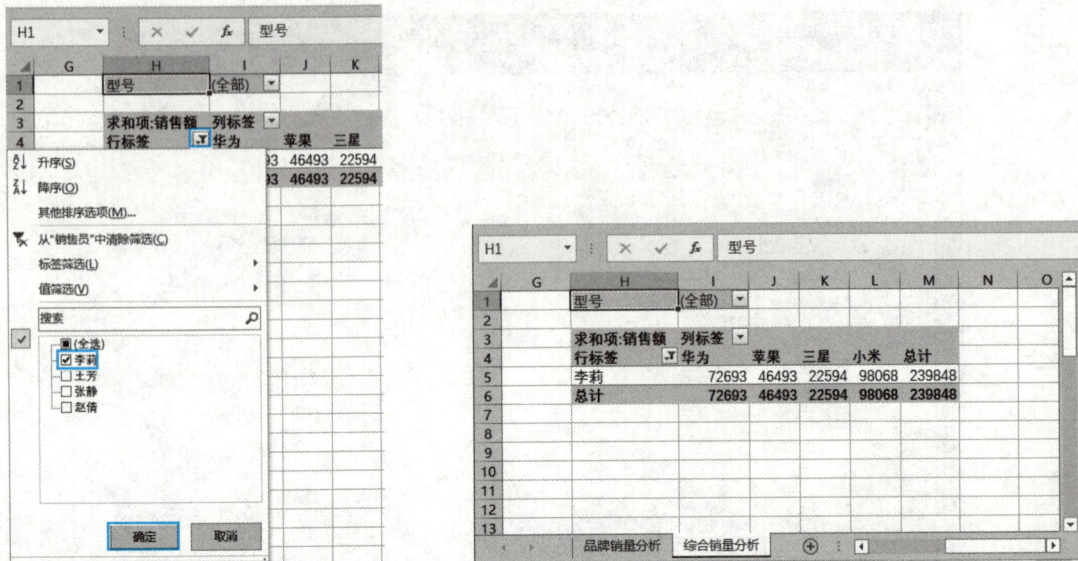

图 4-76　筛选需要汇总的数据

小提示

用户可以随时调整字段布局区域的字段或计算类型来对工作表中的数据进行更多分析。例如，在字段布局区中将"值"区域中的"销售额"字段拖出布局区以将其删除，然后将"销售数量"字段拖到该区域，可分析各品牌和各销售员的手机销量情况。

三、制作综合销量分析数据透视图

步骤 1▶　选中数据透视表区域的任一非空单元格，然后单击"数据透视表工具/分析"选项卡"工具"组中的"数据透视图"按钮，打开"插入图表"对话框，选择"柱形图"类别中的"簇状柱形图"选项，如图 4-77 所示。

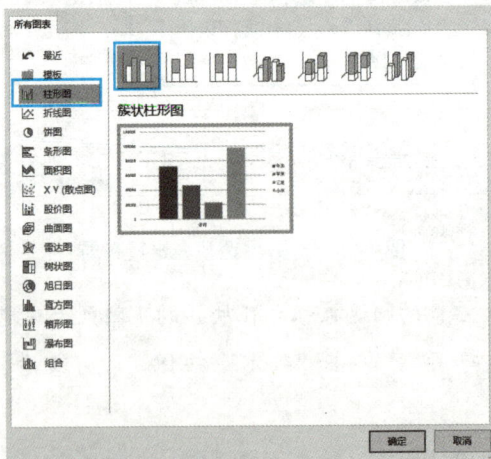

图 4-77　选择"簇状柱形图"选项

步骤 2▶　单击"确定"按钮，即可在工作表中创建数据透视图。此时，功能区自动显示"数据透视图工具"选项卡，如图 4-78 所示。

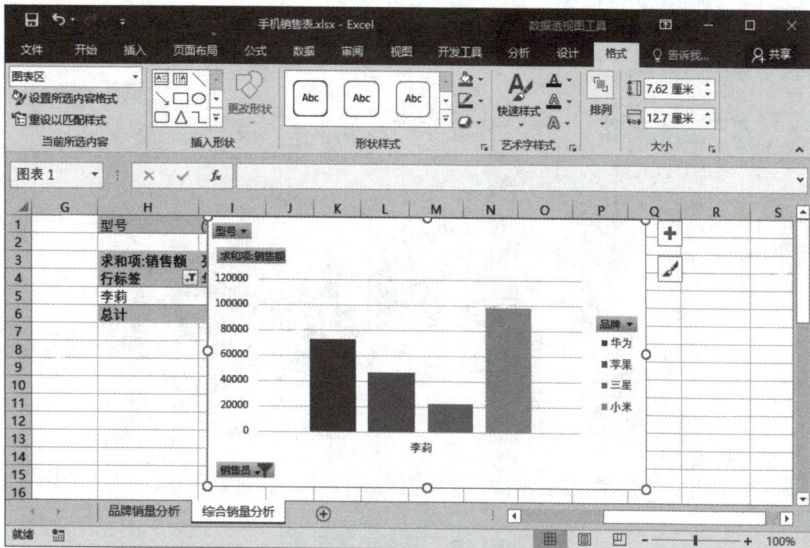

图 4-78　插入数据透视图

步骤 3▶　单击"销售员"按钮，在展开的下拉列表中选中"全选"复选框，然后单击"确定"按钮；单击"品牌"按钮，在展开的下拉列表中取消"全选"复选框的选中，然后选择要查看的品牌"华为""苹果"，最后单击"确定"按钮，即可查看所有销售员关于"华为""苹果"品牌手机的销售数据汇总，如图 4-79 所示。

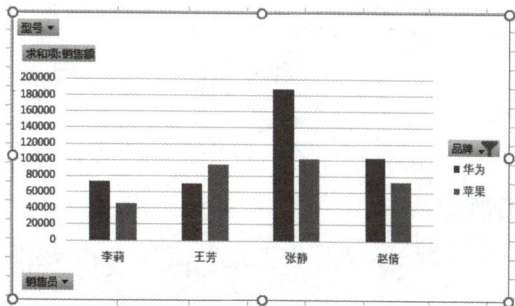

图 4-79　筛选查看的数据汇总

小提示　　数据透视图的布局与关联的数据透视表的布局相同，且两者的字段相互对应。在数据透视表中筛选汇总数据，可实时在数据透视图上更新。

必备知识

一、统计图表

利用 Excel 2016 提供的图表可以直观地反映工作表中的数据，方便用户进行数据的比较和预测。

要创建和编辑图表，首先需要认识图表的组成元素（又称图表项），这里以柱形图为例，它主要由图表区、图表标题、绘图区、坐标轴、网格线、图例、数据系列等组成，如图 4-80 所示。

图 4-80　图表组成元素

Excel 2016 支持创建各种类型的图表，如柱形图、折线图、饼图、条形图、面积图、散点图等，如图 4-81 所示。例如，柱形图可以反映一段时间内数据的变化或各项之间的对比情况，折线图可以反映数据的变化趋势，饼图可以表现数据间的比例分配关系。

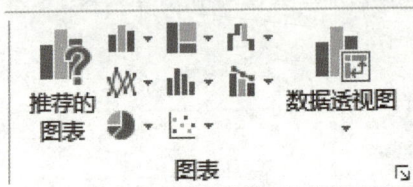

图 4-81　图表类型

在 Excel 2016 中，选择要创建图表的数据区域，然后选择一种图表类型，即可创建图表。创建图表后，可利用"图表工具/设计"选项卡和"图表工具/格式"选项卡对图表进行编辑和美化操作。

二、数据透视表和数据透视图

数据透视表是一种对大量数据快速分类汇总的交互式表格，用户可通过调整其行或列以查看对数据源的不同汇总，还可利用筛选器或通过显示不同的行、列标签来筛选数据。

数据透视图的作用与数据透视表相似，不同的是它可以将数据以图形的方式表示出来。数据透视图通常有一个使用相同布局的相关联的数据透视表，两个图表中的字段相互对应。

为确保数据可用于数据透视表，在创建数据源时要做到以下几点：

（1）删除所有空行和空列。

（2）删除所有自动小计。

（3）确保第一行包含列标签。

（4）确保各列只包含一种类型的数据，而不能是文本与数字的混合。

实践探索——分析服装销售表数据

下面打开本书配套素材"项目四"/"任务三"/"服装销售表",按如下要求对销售数据进行分析。

（1）制作各门店销售数据对比图表,效果如图4-82所示。

① 选中"门店数据"工作表的A1:D6单元格区域,插入簇状条形图。

② 更改图例位置,将其置于图表顶部,并删除网格线、添加数据标签。

③ 更改图表标题,调整表格大小和位置,并对图表进行适当美化。

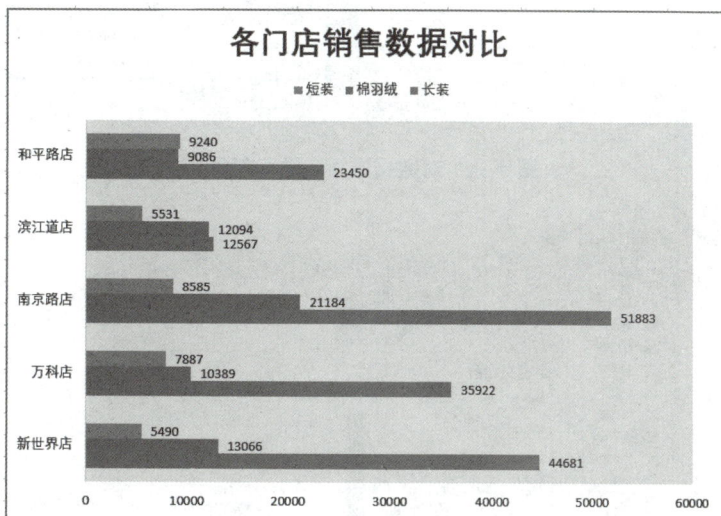

图4-82　各门店销售数据对比图表

（2）制作综合销售分析数据透视表和数据透视图,效果如图4-83所示。

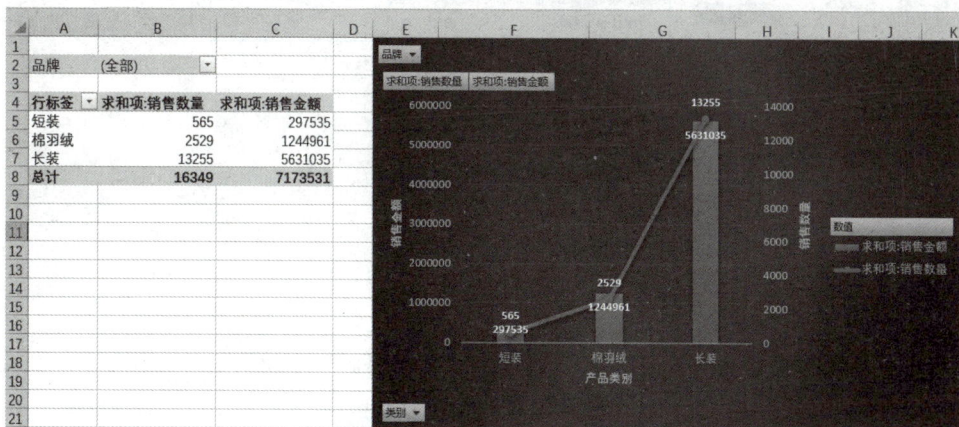

图4-83　综合销售分析数据透视表和数据透视图

① 选中"销售数据"工作表数据区域中的任一非空单元格,插入数据透视表,并将其放置在新的工作表中。然后拖动数据透视表字段,对数据透视表进行布局,如图4-84所示。

② 插入数据透视图,此处选择组合图,即"求和项:销售数量"采用折线图,"求和项:销售金

额"采用簇状柱形图，然后选中"求和项：销售数量"右侧的"次坐标轴"复选框，如图 4-85 所示。

③ 为数据透视图增加数据标签，调整其大小和位置，并对其进行适当美化。

图 4-84　对数据透视表进行布局

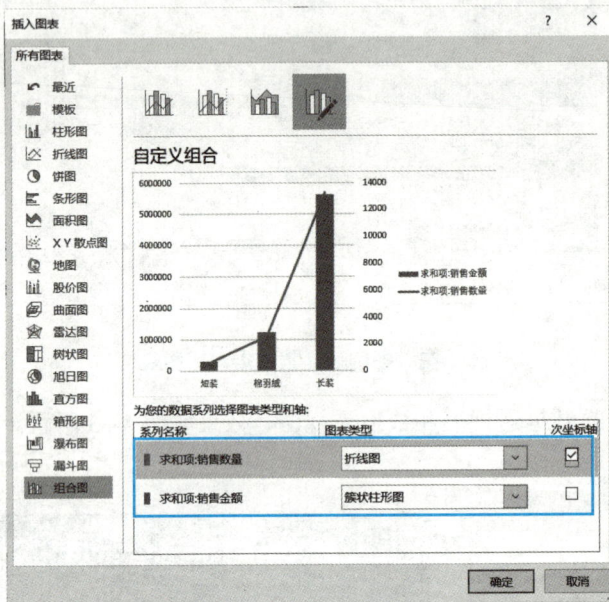

图 4-85　插入数据透视图

自我评价

表 4-6 为本任务的完成情况评价表，请根据实际情况填写。

表 4-6　任务三完成情况评价表

任务要求	能	能，但不熟练	还不能
（1）能否根据需求对数据进行简单分析	☐	☐	☐
（2）能否熟练掌握使用统计图表分析数据的方法	☐	☐	☐

任务要求	能	能，但不熟练	还不能
（3）能否熟练掌握使用数据透视表和数据透视图分析数据的方法	□	□	□
对本任务的一些想法和感悟			

任务四　初识大数据

任务解读

大数据也称海量数据或巨量数据，是指数据量大到无法利用传统数据处理技术在合理的时间内获取、存储、管理和分析的数据集合。最早提出"大数据"时代已经到来的是全球知名咨询公司麦肯锡。麦肯锡在 2011 年发布的《大数据：创新、竞争和生产力的下一个新领域》报告中指出："大数据已经渗透到当今每一个行业和业务职能领域，成为重要的生产因素。人们对于海量数据的挖掘和运用，预示着新一波生产率增长和消费者盈余浪潮的到来。"

在本任务中，我们将了解大数据的概念、特征，以及它的关键技术和应用场景。

体验探究——大数据助力疫情防控

2020 年初，一场突如其来的疫情席卷了全国，全国上下进入了全民抗疫的紧张时期。疫情发生后，中央和各省、市、自治区的各部门迅速采取措施，成功遏制住了疫情的蔓延形势。在做好疫情防控工作的前提下，各地开始稳步推进企业复工复产。企业复工复产对保持经济乃至社会稳定发展至关重要。为防止疫情死灰复燃，各地政府纷纷出台防控措施，如控制外来人员进入、限制公共交通承载量、实行错峰上下班制度等。在这期间，大数据技术在助力疫情防控和复工复产方面起到了非常重要的作用。

（1）通信大数据行程卡是由中国信通院联合中国电信、中国移动、中国联通三家基础电信企业，利用手机"信令数据"，通过用户手机所处的基站位置获取数据，为全国 16 亿手机用户免费提供的查询服务。手机用户可通过该服务，查询本人前 14 天到过的所有地市信息，如图 4-86 所示。

（2）健康码是以真实数据为基础，由市民或者返工返岗人员通过自行网上申报，经后台审核后生成的属于个人的二维码。以北京健康宝为例，它是北京市大数据中心依托北京市防疫相关数据和国家政务服务平台相关功能，针对当前新冠肺炎疫情防控需要，方便广大市民及进（返）京人员查询自身防疫相关健康状态（见图4-87），帮助城市恢复生产生活秩序，推出的一项数字化信息服务工具。

图 4-86　通信大数据行程卡

图 4-87　北京健康宝的健康码

课堂
互动

　　回想一下，你和家人接触或使用过哪些大数据在疫情防控和复工复产的应用？它们分别有什么特点？

必备知识

一、大数据的概念和特征

　　大数据（big data）也称海量数据或巨量数据，是指数据量大到无法利用传统数据处理技术在合理的时间内获取、存储、管理和分析的数据集合。"大数据"一词除用来描述信息时代产生的海量数据外，也被用来命名与之相关的技术、创新与应用。

　　大数据具有海量的数据规模（volume）、快速的数据流转（velocity）、多样的数据类型（variety）和数据价值密度低（value）四大特征，简称4V。

　　（1）海量的数据规模。2004年，全球数据总量为30 EB，2005年达到50 EB，2015年达到7 900 EB。根据国际数据资讯（IDC）公司监测，全球数据量大约每两年翻一番，预计到2020年，全球将拥有35 ZB的数据。

　　（2）快速的数据流转。指数据产生、流转速度快，而且越新的数据价值越大。这就要求对数据的处理速度也要快，以便能够及时从数据中发现、提取有价值的信息。

扫一扫
什么是大数据？

（3）**多样的数据类型**。指数据的来源及类型多样。大数据的数据类型除传统的结构化数据外，还包括大量非结构化数据。

（4）**数据价值密度低**。指数据量大但价值密度相对较低，挖掘数据中蕴藏的价值犹如沙里淘金。

二、大数据的关键技术

大数据技术是指用非传统的方式对大量结构化和非结构化数据进行处理，以挖掘出数据中蕴含的价值的技术。根据大数据的处理流程，可以将其关键技术分为大数据采集、大数据预处理、大数据存储与管理、大数据分析与挖掘、大数据可视化展现等。

1. 大数据采集

对于网络上各种来源的数据，包括社交网络数据、电子商务交易数据、网上银行交易数据、搜索引擎点击数据、物联网传感器数据等，在被采集前都是零散的，没有任何意义。大数据采集就是将这些数据写入数据仓库，整合在一起，以便对数据进行综合分析。

大数据采集包括网络日志采集、网络文件采集（提取网页中的图片、文本等）、关系型数据库的接入等，常用的工具有 Flume，Kakfa，Sqoop 等。

> **小提示**
>
> 网络日志是记录 Web 服务器接收处理请求及运行错误等各种原始信息的文件。通过网络日志可以清楚地得知用户使用什么 IP、在什么时间、用什么操作系统、用什么浏览器、用什么分辨率的显示器访问了网站的哪些页面，以及是否访问成功等。

2. 大数据预处理

由于大数据的来源和种类繁多，这些数据有残缺的、有虚假的、有过时的。因此，想要获得高质量的数据分析结果，必须在数据准备阶段提高数据的质量，即对大数据进行预处理。大数据预处理是指将杂乱无章的数据转化为相对单一且便于处理的结构（数据抽取），或者去除没有价值甚至可能对分析造成干扰的数据（数据清洗），从而为后期的数据分析奠定基础。

3. 大数据存储与管理

大数据存储是指用存储器把采集到的数据存储起来，并建立相应的数据库，以便对数据进行管理和调用。目前，主要采用 HDFS 分布式文件系统（Hadoop Distributed File System）和非关系型分布式数据库（NoSQL）来存储和管理大数据。常用的 NoSQL 数据库包括 HBase，Redis，Cassandra，MongoDB，Neo4j 等。

> **小提示**
>
> 由于数据量太大，即使是最好的计算机也无法单独完成大数据的采集、预处理、存储、分析与挖掘等工作，因此需要聚合众多计算机的力量来完成大数据的处理。为此，需要利用分布式系统和并行计算等技术。
>
> **计算机集群**：是一种计算机系统，它通过高速网络将一组计算机连接起来，像一个整体一样高度紧密地协作完成计算工作。计算机集群中的单个计算机被称为节点。

分布式系统：是由一组通过网络进行通信，为了完成共同的任务而协调工作的计算机组成的系统。分布式系统包括分布式计算与分布式存储，作用是使用众多计算机完成单个计算机无法完成的计算和存储任务。其中，分布式存储又包括分布式文件系统和分布式数据库等。

并行计算：是指同时使用多个处理器来协同求解同一问题，即将被求解的问题分解成若干个部分，各部分均由一个独立的处理器来计算。

此外，提到大数据处理技术，就不得不提 Hadoop。Hadoop 是大数据开发的重要框架，许多厂商都围绕 Hadoop 开发大数据处理工具，建立大数据技术生态系统。谷歌、雅虎、微软、思科、阿里巴巴等知名大数据平台都支持 Hadoop。

Hadoop 最核心的设计是分布式文件系统 HDFS 和分布式计算引擎 MapReduce。其中，利用 HDFS 可以将海量数据分散存储在计算机集群上，用户可以像使用本地文件系统一样管理这些数据；MapReduce 则允许程序员在不了解分布式系统底层细节的情况下，轻松地开发并行处理应用程序，并将其运行于计算机集群上，从而完成海量数据的处理。目前，MapReduce 正逐渐被新一代的计算引擎 Spark 取代。

4. 大数据分析与挖掘

大数据分析与挖掘是指通过各种算法从大量的数据中找出潜在的有用信息，并研究数据的内在规律和相互间的关系。

常用的大数据分析与挖掘技术包括 Spark、MapReduce、Hive、Pig、Flink、Impala、Kylin、Tez、Akka、Storm、S4、Mahout 和 MLlib 等。

5. 大数据可视化展现

大数据可视化展现是指利用可视化手段对数据进行分析，并将分析结果用图表或文字等形式展现出来，从而使读者对数据的分布、发展趋势、相关性和统计信息等一目了然，如图 4-88 所示。目前，常用的大数据可视化工具有 ECharts 和 Tableau 等。

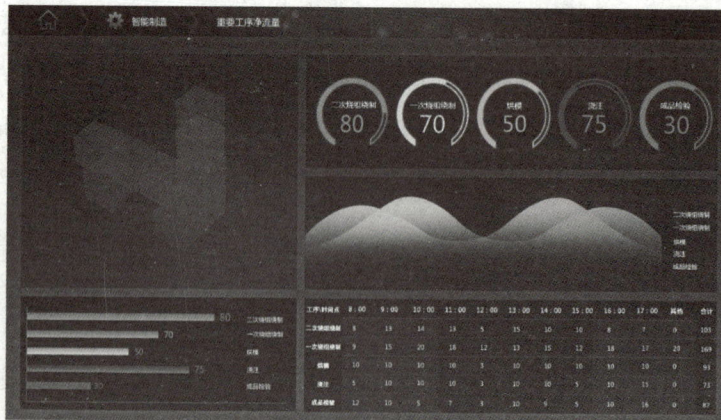

图 4-88　大数据可视化展现

三、大数据的应用场景

如今，大数据在各行各业的应用无处不在，包括电商、金融、通信、物流、医疗、教育、农业、工业制造、城市管理等。下面介绍大数据的一些典型应用场景。

1. 大数据在电商行业的应用

大数据在电商行业的应用较为广泛，其典型的应用场景有：① 电商企业收集大量用户在电商网站或网络媒体上的注册信息、行为数据（用户在网站和移动 App 中的浏览/点击/发帖等行为）、交易数据、网络日志数据等；② 对收集的数据进行分析和挖掘，得出不同用户的购买能力、行为特征、心理特征、兴趣爱好、家庭情况、喜欢的社交网络等数据；③ 根据分析结果做精准营销、精准推荐或提高用户的购物体验等。

2. 大数据在金融行业的应用

金融行业也是大数据应用的重点行业。目前，国内不少银行、保险公司都已建立大数据平台，并通过大数据来驱动业务运营。例如，银行通过收集并分析自身业务产生的数据、客户在社交媒体上的行为数据、客户在电商网站上的交易数据、客户的缴税信息等，可以了解不同客户的消费能力、信用额度和风险偏好，从而对客户实施精准营销、风险管控。

3. 大数据在医疗行业的应用

大数据在医疗行业的应用包括疾病预防、临床应用、远程医疗、医学研究、医院管理等。例如，利用大数据平台收集不同的病例、治疗方案和治疗效果，建立针对疾病特点的数据库。医生诊断病人时可以利用疾病数据库和相关工具分析病人的疾病特征、化验报告和检测报告，从而快速为病人确诊，并制定适合病人的治疗方案。

4. 大数据在教育行业的应用

大数据在教育行业的应用包括优化教学管理、学生管理、教学内容、教学手段、教学评价等。例如，基于网络的学习平台能记录学生的作业完成情况、课堂言行、师生互动等数据，如果将这些数据汇集起来，就可以分析出学生的学习特点和习惯，从而对不同学生的学习提出有针对性的建议。同时，这些数据也可以促使教师进行教学反思，从而优化教学。

例如，中国电子科技大学曾经做过一个课题——寻找校园最孤独的人。他们通过校园一卡通的使用情况，从 3 万名学生中采集到了 2 亿多条行为数据，包括选课、进出图书馆、食堂用餐、超市购物等数据。通过对校园一卡通"一前一后刷卡"的记录分析，可以发现一个学生在学校有多少知心朋友。他们通过此方式找到了 800 多个校园中最孤独的人，这些人中有 17%可能产生心理疾病，需要学校和家长予以重点关爱。

5. 大数据在政务管理中的应用

在我国，政府部门掌握着全社会最大量、最核心的数据。有效地利用这些数据，将使政务管理和服务、抢险救灾等工作的效率进一步提高，各项公共资源得到更合理的配置。

例如，大数据对地震、台风等"天灾"救援已经开始发挥重要作用。利用大数据技术可以抓取气象局、地震局的气象历史数据、星云图变化历史数据，以及城建局、规划局的城市规划、房屋结构数据等，然后构建大气运动规律评估模型、气象变化关联性分析模型等，从而精准地预测气象变化，寻找最佳的救灾解决方案。

实践探索——查看个性化推荐

个性化推荐系统是互联网和电子商务发展的产物，它是建立在大数据挖掘基础上的一种高级商务智能平台，向用户提供个性化的信息服务和决策支持。随着推荐技术的研究和发展，其应用领域也越来越多，如新闻推荐、商务推荐、娱乐推荐、学习推荐、生活推荐、决策支持等。

在日常生活中，我们可能在很多 App 或网站上都看到过"猜你喜欢""相似推荐""为你推荐"等类似的模块，这些都是平台或网站根据用户的浏览、查询、购买等记录产生的大数据分析结果，如图 4-89 所示。你有没有接触过这样的网站，或者你的手机里有没有安装这样的 App，找一款查看下个性化推荐吧。

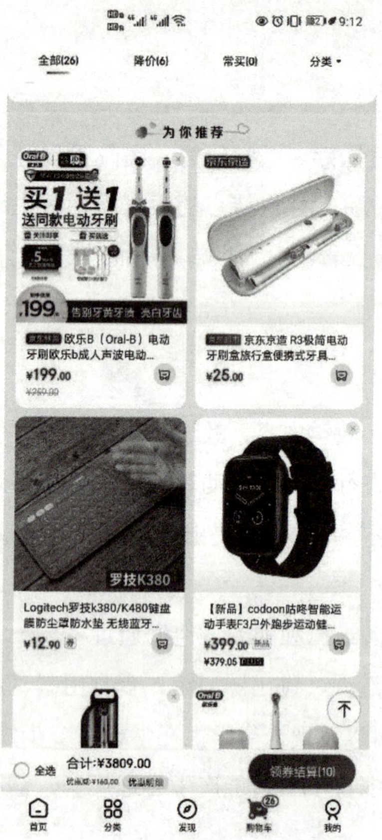

（a）京东商城的"为你推荐" 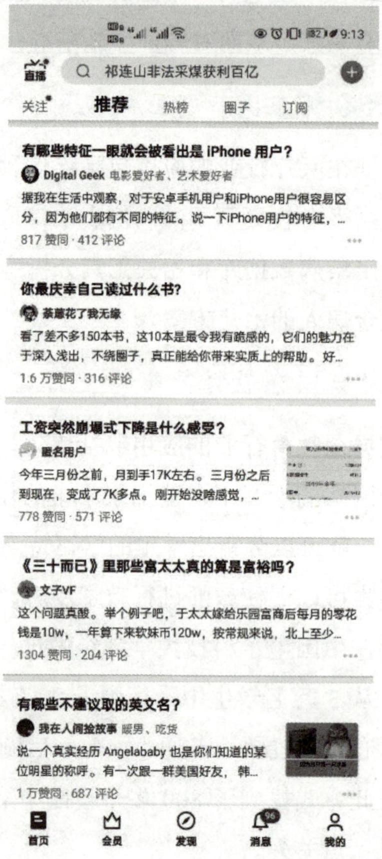　　（b）知乎的"推荐"页面

图 4-89　查看个性化推荐

自我评价

表 4-7 为本任务的完成情况评价表，请根据实际情况填写。

表 4-7　任务四完成情况评价表

任务要求	能	能，但不熟练	还不能
（1）能否理解大数据的概念和特征	☐	☐	☐
（2）能否了解大数据的关键技术	☐	☐	☐
（3）能否列举大数据的典型应用场景	☐	☐	☐
对本任务的一些想法和感悟			

项目总结

Excel 2016 是微软公司研发的办公自动化组件之一，它是目前功能最强大、应用最广泛的数据处理软件之一，是一个集成了快速制表、数据分析、数据管理和数据图表化的软件包。

Excel 2016 提供了数量众多、类型丰富的实用函数，用户可以利用运算符和函数构建出各种公式以满足计算、统计和分析的需要。此外，用户还可以利用 Excel 2016 提供的排序、筛选和分类汇总功能对工作表中的数据进行分析和处理，以方便对其进行查看、比较和分析。

Excel 2016 中的图表可以将工作表中的数据以图形化的方式表示出来。它具有较好的视觉效果，可以使平面的数据立体化，方便用户比较数据和预测趋势。

大数据也称海量数据或巨量数据，是指数据量大到无法利用传统数据处理技术在合理的时间内获取、存储、管理和分析的数据集合。如今，大数据在各行各业的应用无处不在，包括电商、金融、通信、物流、医疗、教育、农业、工业制造、城市管理等。

项目五　程序设计入门

项目导读

计算机与移动终端已成为生活中不可或缺的工具，它们之所以能够帮助人们处理各种复杂的问题，主要借助于其中功能各异的程序。而程序设计语言是编程的工具，只有很好地掌握程序设计语言，才能编写出高效的程序。

学习目标

- 理解运用程序设计解决问题的逻辑思维理念。
- 掌握算法的概念及描述方法。
- 了解程序设计语言的种类和特点。
- 了解 Python 程序设计语言的基础知识。
- 掌握使用 Python 程序设计工具编辑、运行及调试简单程序的方法。
- 了解典型算法，会使用功能库扩展程序功能。

任务一　　了解程序设计理念

任务解读

生活中，人们经常会遇到各种各样的问题，小到选择什么出行方式，大到选择人生的未来方向……解决问题就是要在已知条件和可能的结果之间寻求具体的途径和方法，并应用它们实现目标。而计算机具有运算速度快、计算精度高、逻辑运算能力强、存储容量大和自动化程度高等特点，因此，利用计算机解决问题能够在一定程度上提高解决问题的效率。

在本任务中，我们主要学习运用程序设计解决问题的逻辑思维理念。

体验探究——探究用计算机解决问题的过程

用计算机解决问题就是让计算机按照程序执行指令。程序是根据人们的需求利用编程语言编写而成的。利用计算机编程方式求解问题时，通常需要经历提出问题、分析问题、设计方案、编程调试和解决问题 5 个环节（见图 5-1），根据问题求解的需要，中间过程可能要反复修正，直到问题得到有效解决。

一、提出问题

现实生活中，人们在超市选择所需商品后，需要到收银台结账。收银员会对人们所选的商品计算总价，然后收款后完成交易，如图 5-2 所示。我们可以将计算商品总价的问题用计算机编程来实现。

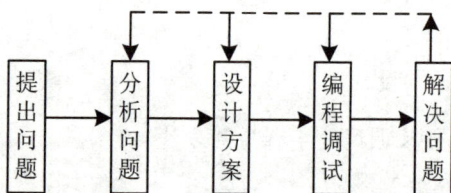

图 5-1　用计算机解决问题的过程

图 5-2　收银员收款过程

二、分析问题

用计算机编程解决问题时，首先需要对问题进行分析，明确问题的目标和条件等，再把问题进行抽象，通过建模的方式描述问题。问题描述的方式并不唯一，有的问题可以用数学模型描述，有的问题可以用文字表述，有的问题可以用图表描述……

例如，"计算商品总价"问题中，商品的总价为各商品的单价乘以数量后再进行累加的值，用数学公式可表示为

$$S = a_1b_1 + a_2b_2 + \cdots + a_nb_n$$

其中，S 为商品的总价，$a_1 \sim a_n$ 为各商品的单价，$b_1 \sim b_n$ 为各商品的数量。

三、设计方案

计算机编程解决问题的设计方案一般包括划分功能模块和算法设计两个环节。

（1）根据需求分析，将问题按照求解过程划分为若干个相对独立的功能模块，每个功能模块完成一个特定的任务，如果划分的某些功能模块仍然比较复杂，还可以进行细分，如图5-3所示。

例如，在设计"计算商品总价"问题的解决方案时，根据前面的问题分析，可将原始问题划分为4个模块，分别是输入每种商品的单价和数量、计算每种商品的价格、将各种商品的价格进行累加、计算完毕后输出，如图5-4所示。

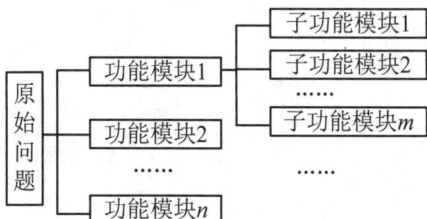

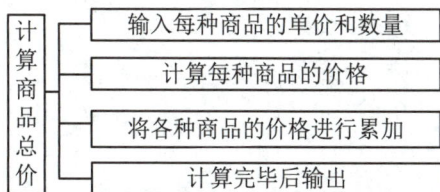

图 5-3　划分功能模块　　　　图 5-4　"计算商品总价"功能模块

（2）算法设计，即针对划分后的各个功能模块进行详细的步骤设计，给出问题求解的具体过程和方法。

四、编程调试

编写程序就是利用程序设计语言描述算法，实现问题求解的过程。编写完成的程序需要进行调试运行。调试程序不仅要发现错误，分析其产生的原因并进行改正，还要对运行的结果进行分析和验证，判断其是否正确和完整。本项目使用 Python 语言编写程序解决具体问题。

> **知识链接**　　Python 是一种面向对象的解释型编程语言，其语法简洁、清晰，并具有一组功能丰富且强大的扩展功能库，可以支持复杂的数据处理，在数据分析和人工智能等领域都有广泛的应用。

例如，"计算商品总价"问题的代码实现如下：

```
total_price = 0                    #定义所有商品总价 total_price
num = 1                            #定义商品件数 num
while True:                        #循环
    #输入商品单价，返回字符串，赋值给 str_input
```

```
str_input = input('请输入第'+str(num)+'件商品的单价: ')
#判断输入字符串是否等于"="
if str_input=='=':
    print('所有商品的总价为',total_price,'元')        #输出所有商品的总价
    break                                           #退出循环
else:
    try:                                #异常判断
        price = float(str_input)        #将字符串转化为浮点型,并赋值给price
    except:
        print('输入商品单价有误，请重新输入')          #输入数据错误提示
        continue                                    #继续循环
# 输入商品单价，返回字符串，赋值给 str_input
str_input = input('请输入第' + str(num) + '件商品的数量: ')
# 判断输入字符串是否等于"="
if str_input == '=':
    print('所有商品的总价为', total_price, '元')     #输出所有商品的总价
    break                                         #退出循环
else:
    try:                                #异常判断
        amount = int(str_input) #将字符串转化为整型,并赋值给 amount
    except:
        print('输入商品数量有误，请重新输入')   #输入数据错误提示
        continue                              #继续循环
total_price = total_price + price * amount      #计算所有商品总价
num = num+1                                      #商品件数加 1
```

实践活动 3

运行本书配套资源中的 Python 程序"计算商品总价.py"，阅读程序代码，参照注释语句分析程序功能。

注意: 以"#"开始的为注释。这种注释可以单独占一行，也可以出现在一行中其他内容的右侧。

五、解决问题

程序运行时，依次输入商品的单价和数量，当输入"="时，计算商品总价并输出；当输入除数字和"="以外的字符时，输出错误提示信息后可继续输入，如图 5-5 所示。

```
请输入第1件商品的单价：12
请输入第1件商品的数量：1
请输入第2件商品的单价：2
请输入第2件商品的数量：3
请输入第3件商品的单价：=
所有商品的总价为 18.0 元
```

```
请输入第1件商品的单价：2.3
请输入第1件商品的数量：2
请输入第2件商品的单价：+
输入商品单价有误，请重新输入
请输入第2件商品的单价：2
请输入第2件商品的数量：m
输入商品数量有误，请重新输入
请输入第2件商品的单价：=
所有商品的总价为 4.6 元
```

图 5-5　"计算商品总价"程序运行结果

必备知识

程序设计和算法

一、算法的概念及描述

1. 算法的概念

算法是指为解决某个问题所采取的方法和步骤。求解同样的问题，不同的人给出的算法可能不同。一般来讲，一个有效的算法具有以下 5 个特点。

（1）有穷性：一个算法必须在执行有穷步后结束，且每一步都能在有限的时间内完成。

（2）确定性：算法中每一条指令必须有确切的含义，读者理解时不会产生二义性。此外，在任何条件下，算法只有唯一的一条执行路径，即对于相同的输入只能得到相同的输出。

（3）可行性：算法中的每一步都应当可以有效执行，并得到确切结果。

（4）输入：一个算法应该有零个或多个输入。

（5）输出：一个算法应该有一个或多个输出。

2. 算法的描述

对于一个问题的求解步骤，需要一种表达方式，即算法的描述。常用的算法描述方式有自然语言和流程图等。

（1）自然语言就是人们日常使用的语言，如汉语、英语等。用自然语言描述的算法通俗易懂，易于理解。例如，"求两数中的较大值"的算法可用自然语言描述如下：

① 输入 x 和 y 的值；

② 判断 x 是否小于等于 y；

③ 如果 x 小于等于 y 成立，将 y 的值赋给 max；

④ 如果 x 小于等于 y 不成立，将 x 的值赋给 max；

⑤ 输出 max 的值。

（2）流程图是一种常用的描述算法的图形化工具。用图形描述的算法，直观形象，易于理解。流程图中常用的符号如图 5-6 所示。其中，起止框用来表示算法的开始和结束；输入/输出框用来表示数据的输入和输出；判断框的作用是对一个给定的条件进行判断，根据条件是否成立来决定如何执行后续操作；处理框用来表示算法中的具体处理步骤；流程线用于控制流程方向；连接点用于连接因页面写不下而断开的流程线；注释框不是流程图的必要部分，不反映流程和操作，只是为了对流程图中某

些框的操作进行必要的补充说明，以帮助读者更好地理解。

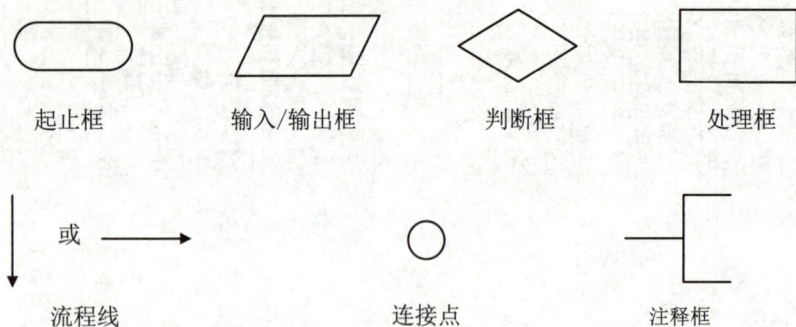

起止框　　　输入/输出框　　　判断框　　　处理框

或 →

流程线　　　　　　连接点　　　　　注释框

图 5-6　流程图中常用的符号

算法有顺序结构、选择结构和循环结构 3 种基本结构。任何一个算法都可以由这 3 种基本结构组成，这 3 种基本结构之间可以并列，可以相互包含，但是不允许交叉。

① 顺序结构。顺序结构是简单的线性结构。在顺序结构程序中，各操作按照它们出现的先后顺序执行。例如，在图 5-7 中，执行完 A 框中指定的操作后再执行 B 框中指定的操作。

② 选择结构。选择结构也称为分支结构，其中必包含一个判断框，根据判断条件 P 是否成立而选择执行 A 框或 B 框，如图 5-8 所示。A 框或 B 框中可以有一个是空的，表示不执行任何操作，如图 5-9 所示。

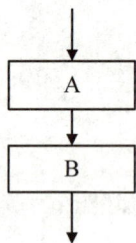

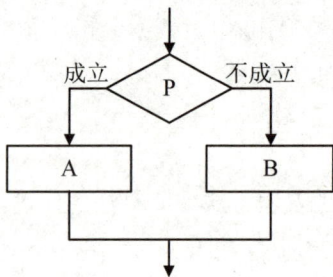

图 5-7　顺序结构　　　　图 5-8　选择结构 1　　　　图 5-9　选择结构 2

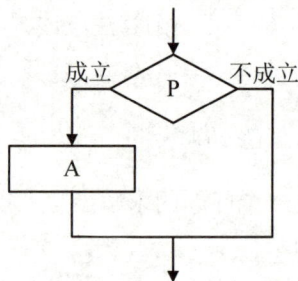

③ 循环结构。循环结构又称重复结构，即重复执行某一部分操作，直到条件不成立时终止循环。按照判断条件出现的位置不同，可以将循环结构分为当型循环结构和直到型循环结构两种。

当型循环结构（见图 5-10）中，先判断循环条件 P 是否成立，如果成立就执行 A 框中指定的操作，执行完 A 框后再判断循环条件 P 是否成立，如果成立，接着执行 A 框。如此反复，直到循环条件 P 不成立为止，结束循环。

直到型循环结构（见图 5-11）中，先执行 A 框中指定的操作，然后判断循环条件 P 是否成立，如果成立再执行 A 框，接着再判断循环条件 P 是否成立，如果成立，再执行 A 框。如此反复，直到循环条件 P 不成立为止，结束循环。

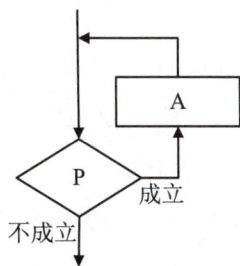

图 5-10　当型循环结构　　　　　　　图 5-11　直到型循环结构

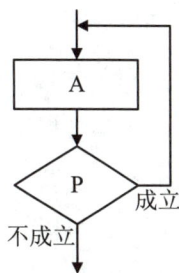

例如，"求两数中的较大值"的算法可用如图 5-12 所示的流程图描述。

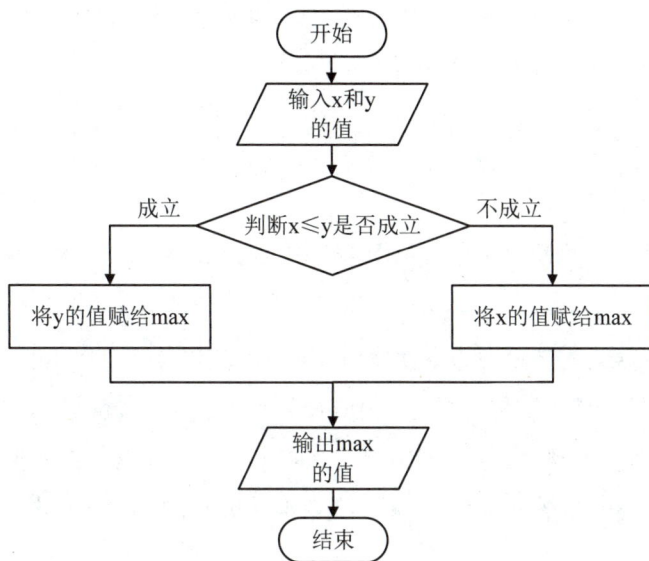

图 5-12　"求两数中的较大值"的算法流程图

> **小提示**
>
> 　　任何一个复杂的算法都可以由这 3 种基本结构组成，图 5-7～图 5-11 中的 A 框或 B 框，可以是一个简单的操作（如一个输入），也可以是多个操作（如先输入，再计算），也可以是 3 种基本结构之一。

二、程序设计语言的种类和特点

从计算机诞生至今，程序设计语言经历了机器语言、汇编语言和高级语言 3 个阶段。

1. 机器语言

机器语言是计算机硬件系统能够识别、执行的一组指令。指令通常分为操作码和操作数两部分。操作码表示计算机执行什么操作（如加、减、乘、除、数据传送等），操作数表示参与操作的数本身或数所在的地址。机器语言的缺点是指令难以记忆，且编制的程序也不易理解。此外，用机器语言编写的程序对不同种类的计算机没有通用性，难以交流和移植。

2. 汇编语言

汇编语言是用助记符来代替操作码，用地址符号代替地址码的符号式语言。这些助记符通常使用指令功能的英文单词的缩写（如用 ADD 表示"加"，SUB 表示"减"，MOV 表示"传送"等），这样每条指令都有明显的特征，容易理解和记忆。汇编语言的语句基本上与机器指令一一对应。虽然汇编语言不用二进制来编码，比机器语言更好理解和记忆，但是程序的代码量却和机器语言程序相当。

3. 高级语言

高级语言主要是相对于汇编语言而言的，它基本脱离了机器的硬件系统，使用接近自然语言和数学公式的表达方式编写程序。

高级语言并不是特指某一种具体的编程语言，而是包括很多编程语言，如 Java、C、C++、C#、Python、PHP 等，这些编程语言的语法、命令格式都有所不同。

实践探索——设计一个算法

根据任一年的公元年号，判断该年是否是闰年。请为其设计算法并用流程图表示。

小提示

若公元年号满足下面两个条件中的任意一个，则该年为闰年：

（1）能被 4 整除，但不能被 100 整除，如 1996 年、2004 年、2008 年等都是闰年。

（2）能被 400 整除，如 1600 年、2000 年、2400 年等都是闰年。

不符合上述这两个条件的年份就不是闰年，如 1900 年、1997 年、2009 年都不是闰年。

自我评价

表 5-1 为本任务的完成情况评价表，请根据实际情况填写。

表 5-1　任务一完成情况评价表

任务要求	能	能，但不熟练	还不能
（1）能否表述算法的概念和特点	☐	☐	☐
（2）能否使用自然语言描述算法	☐	☐	☐
（3）能否使用流程图描述算法	☐	☐	☐
（4）能否表述程序设计语言的种类和特点	☐	☐	☐
对本任务的一些想法和感悟			

任务二　了解程序设计基础知识

任务解读

万丈高楼平地起，打好地基最关键。程序设计基础知识就好比程序设计这栋大厦的"地基"，想要盖好程序设计这栋大厦，掌握它的基础知识是关键。

在本任务中，我们主要学习基于 Python 语言的程序设计基础知识。

体验探究——编程计算体质指数

体质指数（Body Mass Index，BMI）是一个反映人体体重消瘦、正常、超重或肥胖的重要指标。它可以根据人体的体重（单位为 kg）和身高（单位为 m）求得，其计算公式为

$$BMI指数 = \frac{体重}{身高^2}$$

BMI 指数小于 18.5 为消瘦，18.5～24 为正常，24～28 为超重，28 以上为肥胖。编写程序，要求输入身高和体重的值，计算 BMI 指数，然后根据 BMI 指数的值判断是否为正常体重。

（1）分析问题：该问题中，首先需要输入身高和体重的值，然后根据公式计算 BMI 指数，再根据 BMI 指数的值，输出该用户体重是"消瘦""正常""超重"还是"肥胖"。

（2）设计方案：可将该问题分解为"输入身高和体重的值""计算 BMI 指数""判断是否为正常体重"3 个功能模块，如图 5-13 所示。其算法流程图如图 5-14 所示。

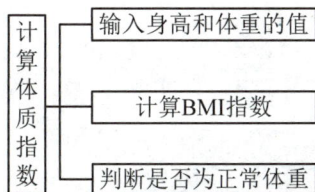

图 5-13　"计算体质指数"功能模块

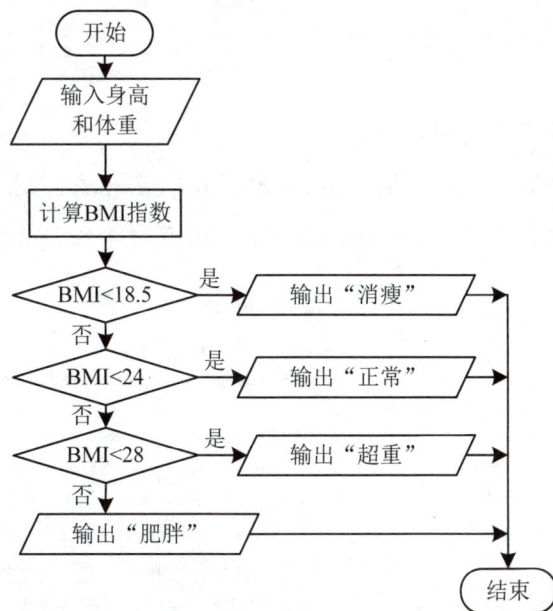

图 5-14　算法流程图

（3）编程调试：利用 Python 编写程序，具体代码如下。

```
height = float(input('请输入身高（米）：'))       #输入身高
weight = float(input('请输入体重（公斤）：'))     #输入体重
bmi = weight / (height * height)                 #计算 BMI 指数
print('你的 BMI 为：{0:.2f}'.format(bmi))         #输出 BMI 指数
#判断 BMI 指数的值
if bmi < 18.5 :
    print('消瘦')
elif bmi < 24 :
    print('正常')
elif bmi < 28 :
    print('超重')
else :
    print('肥胖')
```

（4）解决问题：运行程序，当输入的身高和体重不同时，输出不同的结果，如图 5-15 所示。

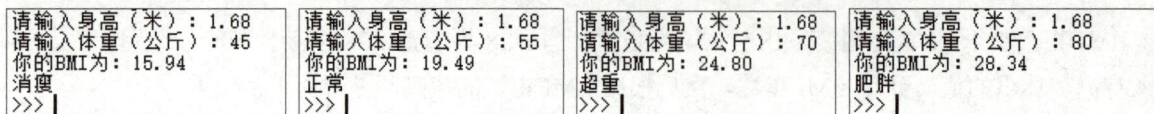

```
请输入身高（米）：1.68
请输入体重（公斤）：45
你的BMI为：15.94
消瘦
>>>
```
```
请输入身高（米）：1.68
请输入体重（公斤）：55
你的BMI为：19.49
正常
>>>
```
```
请输入身高（米）：1.68
请输入体重（公斤）：70
你的BMI为：24.80
超重
>>>
```
```
请输入身高（米）：1.68
请输入体重（公斤）：80
你的BMI为：28.34
肥胖
>>>
```

图 5-15　"计算体质指数"程序运行结果

必备知识

一、搭建 Python 开发环境

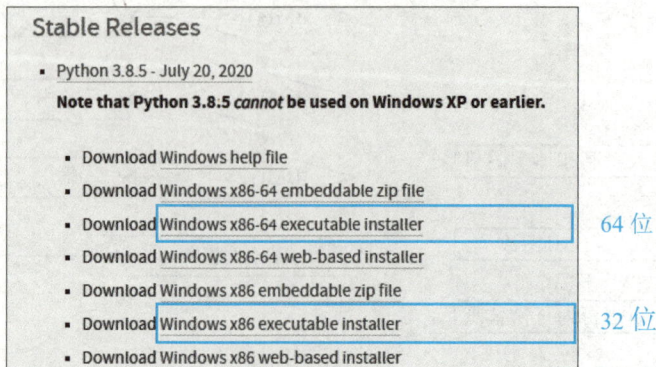

1. 安装 Python

搭建 Python 开发环境

步骤 1▶ 访问 https://www.python.org/downloads/windows/，根据操作系统类型（32 位或 64 位）下载合适的 Windows 环境下的 Python 安装程序，如图 5-16 所示。

Stable Releases

- Python 3.8.5 - July 20, 2020

  Note that Python 3.8.5 *cannot* be used on Windows XP or earlier.

  - Download Windows help file
  - Download Windows x86-64 embeddable zip file
  - Download Windows x86-64 executable installer　　64 位
  - Download Windows x86-64 web-based installer
  - Download Windows x86 embeddable zip file
  - Download Windows x86 executable installer　　32 位
  - Download Windows x86 web-based installer

图 5-16　下载 Python 安装包

步骤2▶　双击下载的"python-3.8.5-amd64.exe"文件，在打开的对话框中选中"Add Python 3.8 to PATH"复选框（将安装路径添加到系统环境变量 PATH 中），然后选择自定义安装或默认安装。此处选择自定义安装，如图 5-17 所示。

图 5-17　选择自定义安装

> **小提示**
>
> 　　如果安装时没有选中"Add Python 3.8 to PATH"复选框，那么系统就无法自动完成环境变量的配置，读者需要在安装完成后手动配置环境变量，将 Python 的安装路径添加到环境变量中。

步骤3▶　在打开的对话框中选择 Python 提供的工具包，一般保持默认的全部选中，然后单击"Next"按钮，如图 5-18 所示。

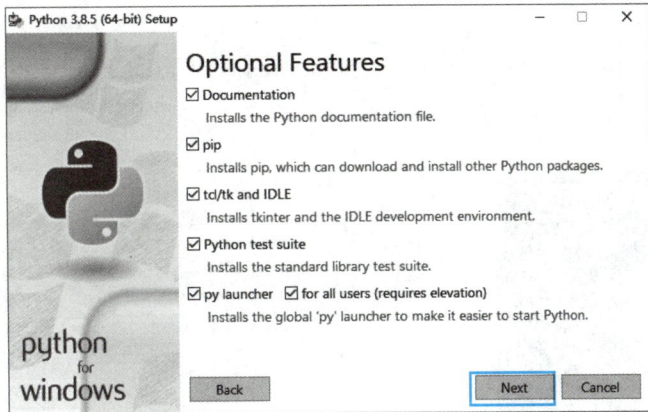

图 5-18　选择 Python 工具包

步骤4▶　在打开的对话框中选中"Install for all users"复选框（为所有用户安装），然后单击"Browse"按钮选择安装目录，最后单击"Install"按钮，如图 5-19 所示。

步骤5▶　开始安装并显示安装进度，如图 5-20 所示。安装成功后，单击"Close"按钮关闭对话框。

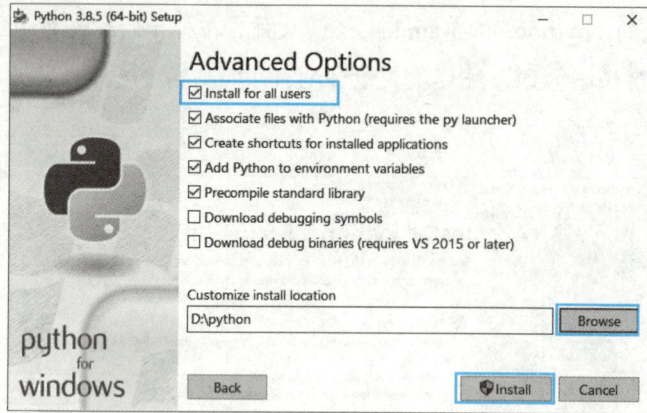

图 5-19　选择高级选项与安装路径

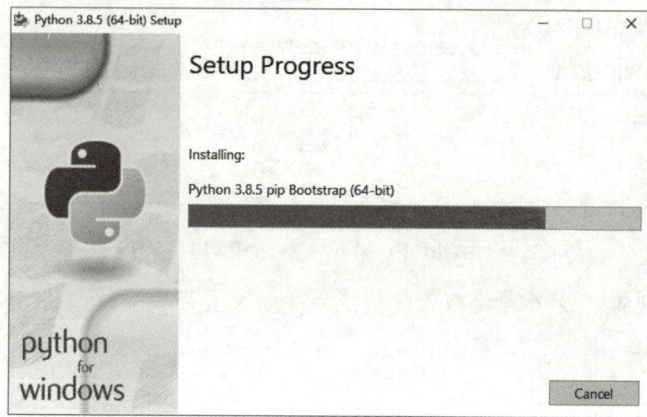

图 5-20　安装进度

2. 编写和运行 Python 程序

步骤 1▶　安装 Python 后，选择"开始"/"Python 3.8"/"IDLE（Python 3.8 64-bit）"选项（见图 5-21），打开"Python 3.8.5 Shell"窗口，如图 5-22 所示。

图 5-21　选择"IDLE（Python 3.8 64-bit）"选项

图 5-22　"Python 3.8.5 Shell"窗口

步骤 2▶　在"Python 3.8.5 Shell"窗口中，选择"File"/"New File"选项打开 Python 编辑器，在其中即可输入程序代码，如图 5-23 所示。

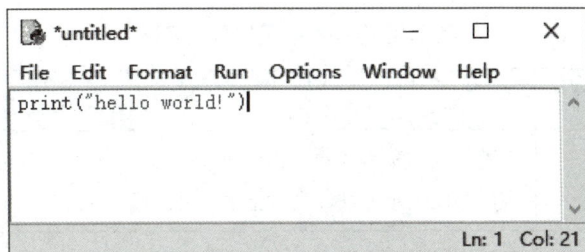

图 5-23　输入程序代码

步骤3▶　选择"File"/"Save"选项，或按"Ctrl+S"组合键，打开"另存为"对话框，选择文件的保存路径，在"文件名"编辑框中输入源程序的名字，如"hello.py"，然后单击"保存"按钮。

步骤4▶　选择"Run"/"Run Module"选项（见图5-24），即可在"Python 3.8.5 Shell"窗口中输出程序的运行结果，如图5-25所示。

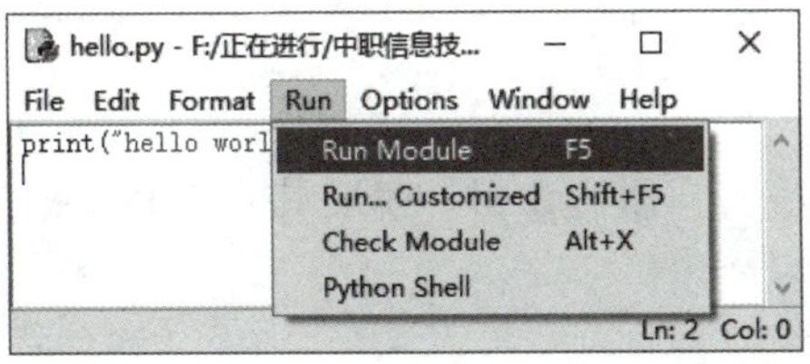

图 5-24　运行程序

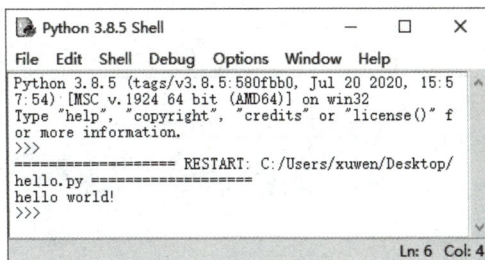

图 5-25　程序运行结果

小提示

运行 Python 程序有文件式和交互式两种方式。以上是文件式启动和运行程序的方法，下面简单介绍交互式运行程序的方法。

在"Python 3.8.5 Shell"窗口的提示符">>>"下，直接输入"print("hello world!")"，按"Enter"键，即可得到运行结果，如图5-26所示。

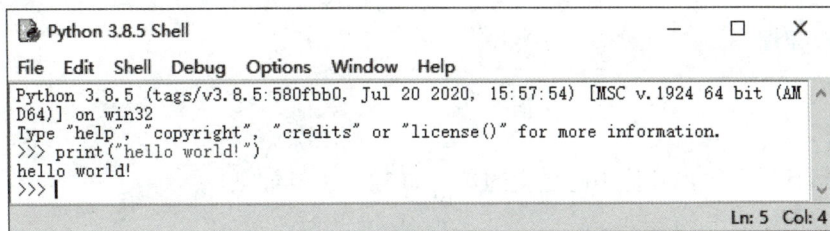

图 5-26　交互式运行 Python 程序

二、数据类型

在编写程序解决问题的过程中，为了更好地处理各种数据，程序设计语言提供了多种数据类型。Python 的常见数据类型包括整型、浮点型、布尔型、字符串、列表等，如表5-2所示。

表 5-2　Python 的常见数据类型

数据类型	类型标识符	类型说明及示例
整型	int	整型通常称为整数，Python 可以处理任意大小的整数，当然包括负整数，在程序中的表示方法和数学上的写法一致，如 18、−175 等
浮点型	float	浮点型也称为浮点数，可表示小数，如 0.0013、−1482.5、−1.4825e3 等
布尔型	bool	布尔型是一种比较特殊的类型，它只有"True"（真）和"False"（假）两种值
字符串	str	字符串通常是用一对单引号或双引号括起来的一串字符，如"中国"、"China"、'123ab'等
列表	list	列表是用来存放一组数据的序列。列表中存放的元素可以是各种类型的数据，它们被放置在一对中括号中，以逗号分隔，如['001', 'Wangwu', 98]、['elephant', 'monkey', 'snake', 'tiger']等

实践活动　　根据表 5-3 中描述的现实事物或现象，列举出具体的数据，说明其对应的数据类型，完成表格填写。

表 5-3　对应的数据类型

现实事物或现象	列举的数据	数据类型
商品的单价	15.2	浮点型
商品的数量		
是否为男生		
输入的密码		

三、常量与变量

1. 常量

常量指程序运行过程中，其值不能改变的量，如 32、"China"等。

2. 变量

变量指程序运行过程中，其值可以改变的量。Python 中变量的命名需要遵守一定的规则，如果违反这些规则将引发错误，导致程序无法运行。同时，良好的命名习惯可以提高代码的可读性，对程序的开发和维护有极大的帮助。

变量名只能包含字母、数字和下划线，且第一个字符必须是字母或下划线，不能是数字。例如，str、_str1、str_2 都是合法的变量名，但 2str、2_str、&123、%lsso、M.Jack、−L2 都是错误的变量名。实际开发过程中经常用到以下 3 种命名方式。

（1）小驼峰式命名：第一个单词首字母小写，之后的单词首字母大写，如 myName。

（2）大驼峰式命名：每个单词首字母都大写，如 MyName。

（3）下划线连接命名：用下划线"_"把每个单词连起来，如 my_name。

> **小提示**
>
> （1）Python 的变量名区分英文字母大小写，如 score 和 Score 是两个不同的变量。
>
> （2）变量名不能是 Python 的关键字。在 Python 中，常用的关键字有 and、as、break、class、continue、def、else、except、finally、for、from、if、import、not、while 等。

Python 中的变量是在首次赋值时创建的。赋值语句是最基本的程序语句，其格式为

变量名=表达式

例如，i＝3、b＝666、c＝'123'都是赋值语句。另外，需要注意的是，变量在使用前必须先赋值，因为变量只有在赋值后才会被创建。

四、运算符与表达式

运算符标明了对操作数（参与计算的数据）所进行的运算。表达式由数字、运算符、数字分组符号（括号）和变量等组合而成，目的是求得运算结果。

Python 支持多种类型的运算符，常用的有算术运算符、关系运算符和逻辑运算符等。

1. 算术运算符

Python 提供了 7 个基本的算术运算符，其运算方式与数学中基本相同。具体符号及其对应的功能和示例如表 5-4 所示（其中 a 等于 3，b 等于 4）。

表 5-4　算术运算符

运算符	名　称	说　明	示　例
+	加法运算	将运算符两边的操作数相加	a + b = 7
−	减法运算	运算符左边的操作数减去右边的操作数	a − b = −1
*	乘法运算	将运算符两边的操作数相乘	a * b = 12
/	除法运算	运算符左边的操作数除以右边的操作数	a / b = 0.75
%	模运算	返回除法运算的余数	a % b = 3
**	幂（乘方）运算	表达式 a**b，则返回 a 的 b 次幂	a ** b = 81
//	整除运算	返回商的整数部分。如果其中一个操作数为负数，则结果为负数	a // b = 0 b // a = 1 −a // b = −1

2. 关系运算符

关系运算符又称比较运算符，用于比较运算符两侧的值，比较的结果是一个布尔值，即 True 或 False。Python 提供的关系运算符如表 5-5 所示。

表 5-5　关系运算符

运算符	名　称	说　明
==	等于	判断运算符两侧操作数的值是否相等，如果相等则结果为真，否则为假
!=	不等于	判断运算符两侧操作数的值是否不相等，如果不相等则结果为真，否则为假
>	大于	判断左侧操作数的值是否大于右侧操作数的值，如果是则结果为真，否则为假
<	小于	判断左侧操作数的值是否小于右侧操作数的值，如果是则结果为真，否则为假
>=	大于等于	判断左侧操作数的值是否大于等于右侧操作数的值，如果是则结果为真，否则为假
<=	小于等于	判断左侧操作数的值是否小于等于右侧操作数的值，如果是则结果为真，否则为假

3. 逻辑运算符

Python 的逻辑运算符包括 and（与）、or（或）、not（非）3 种，逻辑运算符及其对应的功能与说明如表 5-6 所示。与 C/C++、Java 等语言不同的是，Python 中逻辑运算的返回值不一定是布尔值。

表 5-6　逻辑运算符

运算符	含义	示　例	说　明
and	与	x and y	如果 x 为 False，无须计算 y 的值，返回值为 x；否则返回值为 y
or	或	x or y	如果 x 为 True，无须计算 y 的值，返回值为 x；否则返回值为 y
not	非	not x	如果 x 为 True，返回值为 False；如果 x 为 False，返回值为 True

小提示

　　如果两个或多个运算符出现在同一个表达式中，则要按照优先级确定运算顺序，优先级高的运算符先运算，优先级相同的自左到右依次运算。需要注意的是，运算符的优先级为算术运算符>关系运算符>逻辑运算符；在同类运算符中也要注意不同的优先级，如逻辑运算符的优先级为 not>and>or；当表达式中出现"( )"时，它的运算级别最高，应先运算"( )"内的表达式。

实践活动

　　根据问题需求，写出对应的表达式，完成表 5-7。

表 5-7　问题描述对应的表达式

问题描述	表达式
计算 a^2+b	
表示成绩在 90～100 之间（包括 90 和 100）	
表示 a 大于 3 或小于 −3 的值	

实践探索——分析程序功能

运行下列程序，阅读程序代码，参照注释语句分析程序功能。

【程序一】

```
import math                              #导入 math 模块
a=int(input("请输入三角形的第一条边： "))  #输入第一条边并将其转换为整型
b=int(input("请输入三角形的第二条边： "))  #输入第二条边并将其转换为整型
c=int(input("请输入三角形的第三条边： "))  #输入第三条边并将其转换为整型
s=1/2*(a+b+c)                            #计算 s
area=math.sqrt(s*(s-a)*(s-b)*(s-c))     #调用 sqrt 函数计算面积
print("此三角形面积为： ",area)          #输出三角形面积
```

【程序二】

```
age = int(input("请输入学生的年龄： "))  #输入变量 age 的值并转换为整型
if age>=18:                              #判断 age 是否大于等于 18
    print("已成年")                      #如果是，输出"已成年"
else:                                    #如果不是
    print("未成年")                      #输出"未成年"
    print("还差",18-age,"年成年")         #计算并输出还差几年成年
```

自我评价

表 5-8 为本任务的完成情况评价表，请根据实际情况填写。

表 5-8　任务二完成情况评价表

任务要求	能	能，但不熟练	还不能
（1）能否搭建 Python 开发环境	□	□	□
（2）能否编写和运行 Python 程序	□	□	□
（3）能否区分 Python 常用的数据类型	□	□	□
（4）能否理解变量和常量的概念	□	□	□
（5）能否根据实际情况书写表达式	□	□	□
对本任务的一些想法和感悟			

任务三　设计简单程序

任务解读

算法有顺序结构、选择结构和循环结构 3 种基本结构。那么，如何用 Python 语言实现这 3 种结构呢？

在本任务中，我们首先学习顺序结构、选择结构和循环结构程序设计方法，然后学习典型算法和功能库。

体验探究——编程模拟交通信号灯由红变绿的过程

交通信号灯是国际通用的道路交通信号设施。我们可以用计算机程序模拟控制交通信号灯的变化。下面，通过编程实现交通信号灯由红变绿的过程。

编程模拟交通信号灯

（1）分析问题：该问题中，信号灯的初始状态为红灯亮，并且红灯要持续显示一段时间，然后绿灯变亮。

（2）设计方案：可将该问题分解为"红灯亮""红灯持续显示 10 秒""绿灯亮" 3 个功能模块，如图 5-27 所示。其算法流程图如图 5-28 所示。

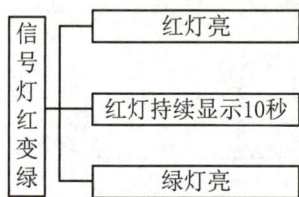

图 5-27　"信号灯"功能模块

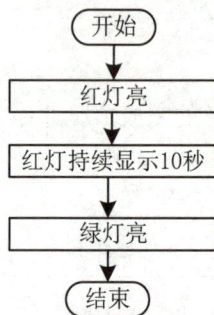

图 5-28　算法流程图

（3）编程调试：利用 Python 的 turtle 库可绘制直观有趣的图形，具体代码如下：

```
import turtle        #导入可以绘制图形的 Python 内置 turtle 库
import time          #导入与时间处理有关的 Python 内置 time 库
#初始化红绿灯
light = turtle.Turtle()
light.hideturtle()
light.screen.delay(0)    #禁用绘制过程的动画显示
#红灯亮
```

```
light.color("red","red")
light.begin_fill()
light.circle(20)
light.end_fill()
#红灯持续显示 10 秒
time.sleep(10)
#绿灯亮
light.color("green","green")
light.begin_fill()
light.circle(20)
light.end_fill()
```

（4）解决问题：程序运行时，先显示红灯，持续显示 10 秒后变为绿灯，如图 5-29 所示。

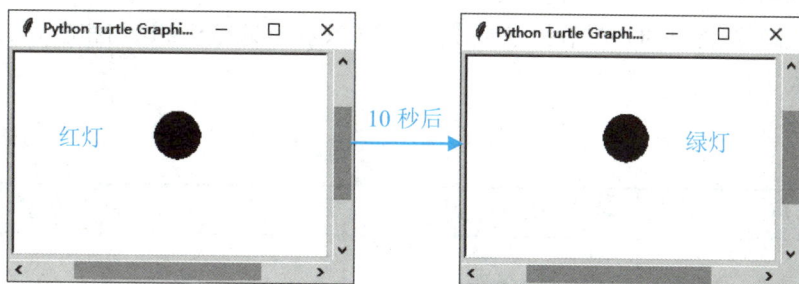

图 5-29　"信号灯"程序运行结果

必备知识

一、顺序结构程序设计

顺序结构是 3 种结构中最基本、最简单的结构，它按照语句的先后顺序依次执行，直到结束。例如，体验探究中的"信号灯"程序就是顺序结构的。

程序通常包括输入数据、处理数据和输出结果 3 部分。Python 中主要用函数 input() 实现数据的输入，用函数 print() 实现数据的输出。

1. 输入函数 input()

Python 提供了 input() 函数用于获取用户键盘输入的字符。input() 函数让程序暂停运行，等待用户输入数据，当获取用户输入后，Python 将其以字符串的形式存储在一个变量中，方便后面使用。

通常，在输入时可以给出提示信息，例如：

```
password = input("请输入密码:")
```

知识链接

使用 input() 函数输入数据时，Python 将其以字符串的形式存储在一个变量中。当将该变量作为数值使用时，就会引发错误。这时可使用 int() 函数将字符串转化为整型数据，也可使用 float() 函数将字符串转化为浮点型数据。

2. 输出函数 print()

在 Python 中使用 print() 函数实现数据的输出。输出字符串时，可用单引号或双引号括起来；输出变量时，可不加引号；变量与字符串同时输出或多个变量同时输出时，须用“，”隔开各项。例如：

```
print ('您刚刚输入的密码是:', password)
```

知识链接

函数是一段具有特定功能的、可重复使用的代码段，它能够提高程序的模块化和代码的复用率。Python 提供了很多内建函数（如 print()、input()、int()函数等）和标准库函数（如 math 库中的 sqrt()函数）。函数调用的一般格式为：函数名(参数)。

二、选择结构程序设计

在解决实际问题时，我们经常会遇到需要根据不同条件选择不同操作的情况，Python 提供了判断语句用于解决这个问题。常见的判断语句有单分支 if 语句、双分支 if-else 语句和多分支 if-elif-else 语句，具体如表 5-9 所示。

表 5-9　常见的判断语句

判断语句	基本格式	程序示例
单分支 if 语句	if 判断条件： 　　语句块	age = 20 if age >= 18: 　　print("已成年")

双分支 if-else 语句	if 判断条件：
	　　语句块 1
	else:
	　　语句块 2
		age = int(input("请输入学生的年龄："))
		if age>=18:
		　　print("已成年")
		else:
		　　print("未成年")

多分支 if-elif-else 语句	if 判断条件 1：
	　　语句块 1
	elif 判断条件 2：
	　　语句块 2
	…
	elif 判断条件 n：
	　　语句块 n
	else ：
	　　语句块 n+1
		score=int(input("请输入百分制成绩："))
		if score>100 or score<0:
		　　print("输入数据无意义")
		elif score>=90:
		　　print("优")
		elif score>=80:
		　　print("良")
		elif score>=70:
		　　print("中")
		elif score>=60:
		　　print("及格")
		else:
		　　print("不及格")

实践活动

以下程序实现输入两个数后，输出较大数。请将其改为双分支 if-else 语句结构，实现相同的功能。

```
a = float(input("请输入一个数: "))      #输入 a 的值
b = float(input("请输入另一个数: "))    #输入 b 的值
max = b                                 #将 b 的值赋给 max
if a > b:                               #当 a 大于 b 时，将 a 赋给 max
    max = a
print("较大数为 ",max)                  #输出 max 的值
```

三、循环结构程序设计

在解决实际问题时，经常会遇到需要重复执行某些操作的情况，这时就可以利用循环结构程序设计思路来解决问题。Python 提供了循环语句，即 while 循环语句和 for 循环语句，具体如表 5-10 所示。

表 5-10　循环语句

循环语句	基本格式	程序示例（求 $S=1+2+3+\cdots+100$ 的值）

while 循环语句	while 判断条件：
	　　语句块
		`i=1`
		`S=0`
		`while i<=100:`
		　　`S+=i`
		　　`i+=1`
		`print("S=1+2+3+…+100=",S)`

for 循环语句	for 变量 in 序列：
	　　语句块
		`S=0`
		`for i in range(1,101):`
		　　`S+=i`
		`print("S=1+2+3+…+100=",S)`

知识链接

for 循环语句经常与 range() 函数一起使用。range() 函数是 Python 的内置函数，可创建一个整数列表。例如，range(0,5) 表示整数列表 [0,1,2,3,4]。

实践活动

以下程序实现利用 turtle 库绘制一个正方形螺旋线，效果如图 5-30 所示。请修改程序，将绘制颜色改为红色，将转弯角度改为向左转 56 度，观察绘制出的是什么图形。

```
import turtle              #导入可以绘制图形的 Python 内置 turtle 库
turtle.color("black")      #绘制黑色的线条
n=1                        #初始化 n 为 1
```

```
for i in range(100):          #循环 100 次
    turtle.forward(n)         #绘制长度为 n 的直线
    turtle.left(90)           #向左转 90 度
    n=n+1                     #n 自增 1
turtle.done()                 #完成
```

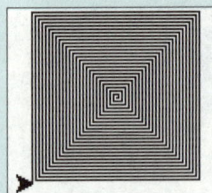

图 5-30　正方形螺旋线的绘制效果

四、典型算法和功能库

1. 基于解析算法的问题求解

解析算法是指通过找出问题的前提条件与结果之间的关系，并抽象成数学表达式，然后利用求解表达式来解决问题。例如，在"计算商品总价"问题中，商品的总价可抽象成数学表达式 $S = a_1 b_1 + a_2 b_2 + \cdots + a_n b_n$，我们只要将已知条件带入表达式中即可完成该问题的求解。

【例 5-1】　编写程序，要求输入三角形的三条边，计算并输出三角形的面积。

【问题分析】　已知条件为三角形的三条边，求解目标为三角形的面积。已知条件与求解目标的关系可抽象成数学表达式 $Area = \sqrt{s(s-a)(s-b)(s-c)}$，其中 $s = 1/2(a+b+c)$。

其实我们在任务二的实践探索中给出了求解三角形面积的程序，但还有两个隐含的问题存在：一是输入的三个数都必须大于 0，否则无意义；二是输入的三个数必须满足两数之和大于第三个数，否则构不成三角形，即也是无意义的。所以我们需要先判断三条边是否都大于 0 并且任意两边之和是否大于第三边，只有满足条件，才能计算三角形的面积，否则不进行计算并输出提示信息。

【参考代码】

```
import math                                #导入 math 模块
a=int(input("请输入三角形的第一条边: "))      #输入第一条边并将其转换为整型
b=int(input("请输入三角形的第二条边: "))      #输入第二条边并将其转换为整型
c=int(input("请输入三角形的第三条边: "))      #输入第三条边并将其转换为整型
#如果满足构成三角形条件
if a>0 and b>0 and c>0 and a+b>c and a+c>b and b+c>a:
    s=1/2*(a+b+c)                          #计算 s
    area=math.sqrt(s*(s-a)*(s-b)*(s-c))    #调用 sqrt 函数计算面积
    print("此三角形面积为: ",area)          #输出三角形面积
else:                                      #如不满足条件
    print("输入的三条边不能构成三角形");     #输出提示信息
```

【运行结果】　程序运行结果如图 5-31 所示。

```
请输入三角形的第一条边: 3
请输入三角形的第二条边: 4
请输入三角形的第三条边: 5
此三角形面积为:  6.0
>>>
```

```
请输入三角形的第一条边: 1
请输入三角形的第二条边: 2
请输入三角形的第三条边: 5
输入的三条边不能构成三角形
>>>
```

图 5-31　例 5-1 程序运行结果

【**程序说明**】　　当需要表达多个条件同时满足时，可以用逻辑运算符"and"将这些子条件连接起来。例如，"a>0 and b>0 and c>0 and a+b>c and a+c>b and b+c>a"表示 6 个子条件同时满足才能保证 a、b、c 能构成三角形。

2. 基于枚举算法的问题求解

枚举算法是依据问题的已知条件，确定答案的大致范围，在此范围内列举出所有可能情况的方法。在枚举算法的编程中，首先需要确定枚举对象和枚举范围，验证问题成立的条件，然后借助循环语句和条件语句进行相应的程序设计，解决问题。

【**例 5-2**】　　中国古代数学家张丘建在他的《算经》中提出了一个著名的"百钱买百鸡"问题：鸡翁一，值钱五；鸡母一，值钱三；鸡雏三，值钱一；百钱买百鸡，问翁、母、雏各几何？编程实现将所有可能的方案输出在屏幕上。

【**问题分析**】　　根据题意设公鸡、母鸡和雏鸡分别为 cock，hen 和 biddy，如果 100 钱全买公鸡，那么最多能买 20 只，所以 cock 的范围是大于等于 0 且小于等于 20；如果 100 钱全买母鸡，那么最多能买 33 只，所以 hen 的范围是大于等于 0 且小于等于 33；如果 100 钱全买小鸡，那么最多能买 99 只（小鸡的数量应小于 100 且是 3 的倍数）。在确定了各种鸡的范围后进行枚举并判断，判断的条件有以下 3 点：

（1）所花钱数总和为 100。

（2）所买的三种鸡的数量之和为 100。

（3）所买的小鸡的数量必须是 3 的倍数。

【**参考代码**】

```
for cock in range(0,20+1):             #鸡翁范围在 0 到 20 之间
    for hen in range(0,33+1):          #鸡母范围在 0 到 33 之间
        for biddy in range(3,99+1):    #鸡雏范围在 3 到 99 之间
            if (5*cock+3*hen+biddy/3)==100:     #判断钱数是否等于 100
                if (cock+hen+biddy)==100:       #判断购买的三种鸡的总数是否等于 100
                    if biddy%3==0:              #判断鸡雏数是否能被 3 整除
                        print ("鸡翁:",cock,"鸡母:",hen,"鸡雏:",biddy)#输出
```

【**运行结果**】　　程序运行结果如图 5-32 所示。

```
鸡翁: 0  鸡母: 25  鸡雏: 75
鸡翁: 4  鸡母: 18  鸡雏: 78
鸡翁: 8  鸡母: 11  鸡雏: 81
鸡翁: 12 鸡母: 4   鸡雏: 84
>>>
```

图 5-32　例 5-2 程序运行结果

【**程序说明**】　　在本例中，使用了 3 个 if 语句来判断条件是否符合。其实，这些条件可以通过一个 if 语句来实现，具体如下：

```
if (5*cock+3*hen+biddy/3)==100 and (cock+hen+biddy)==100 and biddy%3==0:
    print ("鸡翁:",cock,"鸡母:",hen,"鸡雏:",biddy)
```

3. 利用功能库实现网络爬虫

Python 作为一种优秀的程序设计语言，依靠其强大的扩展功能库，现已广泛应用于各领域。例如，本任务的体验探究中使用了用于绘制图形的 turtle 库。

Python 中的扩展功能库有两类：一类是 Python 自带的标准库，使用时先要进行导入（通过 import 语句），然后就可以在程序中调用该库中的函数等；另一类是第三方库，需要安装后才能使用。下面通过网络爬虫的例子来说明 urllib 标准库的使用方法。

【例 5-3】 爬取有道翻译网站（网址 http://fanyi.youdao.com/）的内容，输出爬取到的信息。

【问题分析】 要爬取网站内容，首先需要构造 HTTP 请求，然后将 HTTP 响应的内容进行输出。而构造 HTTP 请求需要先导入 urllib 库中的 request 模块，然后调用 urlopen()函数构造基本的 HTTP 请求得到返回结果，最后将返回结果输出。

【参考代码】

```
import urllib.request                          #导入 request 模块
url = 'http://fanyi.youdao.com/'               #定义 url 字符串
#构造 HTTP 请求，并将返回的结果赋值给 response
response = urllib.request.urlopen(url)
resp = response.read().decode('utf-8')         #返回网页内容并解码
print('网页内容：\n', resp)                     #显示网页内容
```

【运行结果】 程序运行结果如图 5-33 所示。

```
网页内容：
<!DOCTYPE html>
<html xmlns="http://www.w3.org/1999/xhtml">
    <head>

        <meta http-equiv="Content-Type" content="text/html; charset=utf-8" />
        <meta http-equiv="X-UA-Compatible" content="IE=edge,chrome=1" />
        <title>在线翻译_有道</title>
        <meta name="keywords" content="在线翻译"/>
        <meta name="description" content="有道翻译提供即时免费的中文、英语、日语、韩
语、法语、德语、俄语、西班牙语、葡萄牙语、越南语、印尼语、意大利语全文翻译、网页
翻译、文档翻译服务。"/>
        <meta name="viewport" content="width=device-width, initial-scale=1.4, minimu
m-scale=1.0, maximum-scale=2.0"/>
        <link rel="canonical" href="http://fanyi.youdao.com"/>
        <link href="http://shared.ydstatic.com/plugins/search-provider.fanyi.xml" ti
tle="有道翻译" type="application/opensearchdescription+xml" rel="search"/>
        <link rel="shortcut icon" href="http://shared.ydstatic.com/images/favicon.ic
o" type="image/x-icon" />
        <link href="http://shared.ydstatic.com/fanyi/newweb/v1.0.27/styles/ne
wweb/fanyi-newweb.min.css" rel="stylesheet" type="text/css"/>

        <!--[if lte IE 8]>
        <script>
            window.onload = function(){
                document.body.className = document.body.className + " less-ie8"
;
            };
        </script>
        <![endif]-->
        </head>
<body class="fanyi-page">
    <div class="fanyi__nav">
        <div class="fanyi__nav__container">

<ul class="fanyi__nav__list">
    <li><a class='nav__tongchuan' target="_blank" href="http://tongchuan.youdao.
```

图 5-33　例 5-3 程序运行结果（部分）

实践活动

爬取百度网站（网址 http://www.baidu.com/）的内容，输出爬取到的信息。

实践探索——编写程序

按要求编写以下程序。

（1）根据用户输入的正整数 N，计算 $S=1+2+3+\cdots+N$ 的值。

（2）打印九九乘法口诀表。

（3）绘制一个五角星。提示：转弯角度为右转 144 度。

自我评价

表 5-11 为本任务的完成情况评价表，请根据实际情况填写。

表 5-11　任务三完成情况评价表

任务要求	能	能，但不熟练	还不能
（1）能否编写简单的顺序结构程序	□	□	□
（2）能否编写简单的选择结构程序	□	□	□
（3）能否编写简单的循环结构程序	□	□	□
（4）能否理解典型算法和功能库	□	□	□
对本任务的一些想法和感悟			

项目总结

利用计算机编程方式求解问题时，通常需要经历提出问题、分析问题、设计方案、编程调试和解决问题 5 个环节。而这 5 个环节中，设计方案（算法的设计）和编程调试是核心环节。

对于一个问题的求解步骤，需要一种表达方式，即算法的描述。常用的算法描述方式有自然语言和流程图等。

在编写程序解决问题的过程中，为了更好地处理各种数据，程序设计语言提供了多种数据类型。Python 的数据类型包括整型、浮点型、布尔型、字符串、列表等。Python 支持多种类型的运算符，常用的有算术运算符、关系运算符和逻辑运算符等。

程序有顺序结构、选择结构和循环结构 3 种基本结构。其中，顺序结构是 3 种结构中最基本、最简单的结构，它按照语句的先后顺序依次执行，直到结束；在解决实际问题时，当遇到需要根据不同条件选择不同操作或者需要重复处理相同或相似操作的情况时，可用选择结构或循环结构解决这类问题。

项目六　数字媒体技术应用

项目导读

　　数字媒体在我们的生活中无处不见，无论是使用计算机观看的影片，听的音乐，制作的文档，处理的图像、音频和视频，还是通过 Internet 与他人进行的视频聊天，召开的视频会议……都属于数字媒体的范畴。

学习目标

　　☁　了解数字媒体技术及其应用现状。

　　☁　掌握常见数字媒体素材的获取途径。

　　☁　了解数字媒体作品设计规范。

　　☁　熟悉图像文件、音频文件和视频文件的常用格式。

　　☁　掌握图像文件、音频文件和视频文件的格式转换方法。

　　☁　掌握用图像处理软件编辑图像的基本操作。

　　☁　掌握用音频处理软件录制和编辑音频的基本操作。

　　☁　掌握用视频处理软件录制和编辑视频的基本操作。

　　☁　了解虚拟现实与增强现实技术及相关设备的用途。

任务一 认识数字媒体技术

任务解读

数字媒体技术的发展和应用，给传统的计算机系统、音频和视频设备带来了方向性的变革。在当今无处不数字的读屏时代，数字媒体是信息社会最广泛的信息载体，已渗透到人们工作、学习和生活的方方面面。

在本任务中，我们将了解数字媒体技术及其应用现状，掌握常见数字媒体素材的获取途径，熟悉数字媒体作品的设计规范。

体验探究——用抖音 App 拍摄短视频并发布

抖音 App 是一款音乐创意短视频社交软件。通过抖音 App 可以分享你的生活，还可以通过这款软件选择歌曲，拍摄音乐短视频，形成自己的作品。抖音用户可以通过控制视频拍摄节奏、视频编辑、特效（反复、闪一下、慢镜头）等技术让视频更具创造性。

用抖音 App 拍摄短视频并发布

下面介绍用抖音 App 拍摄短视频并发布的具体操作。

步骤 1▶ 打开抖音 App 进入其主界面，点击下方的"加号"按钮 ⊞，打开抖音的拍摄界面。

步骤 2▶ 在拍摄界面中，可以看到界面右侧有很多功能图标，如翻转镜头、滤镜、美化、剪音乐等，用户可根据自身的拍摄情况来选择，选择完毕后，点击下方的红色圆圈按钮 ■，开始拍摄，如图 6-1 所示。

步骤 3▶ 拍摄自己想拍摄的内容后，点击界面中的红色对勾按钮 ■，确认拍摄内容，如图 6-2 所示。

步骤 4▶ 在打开的界面中（见图 6-3），可以设置滤镜、剪辑视频、画质增强，以及添加配乐、特效、文字、贴纸等。例如，点击"特效"按钮，在打开的界面中为视频选择一个特效，然后点击"保存"按钮，如图 6-4 所示。

步骤 5▶ 返回如图 6-3 所示界面，点击"下一步"按钮，打开视频发布界面，输入想说的话，点击"发布"按钮，即可发布自己拍摄的抖音短视频，如图 6-5 所示。

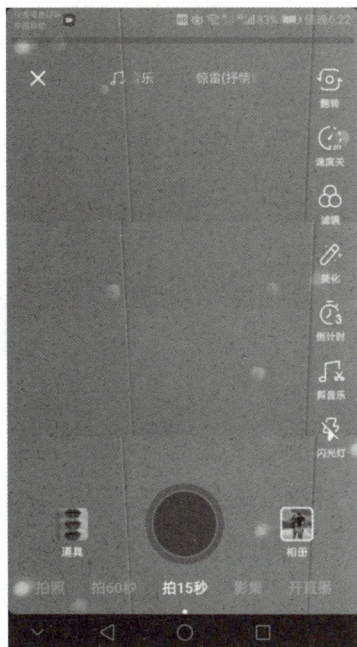

图 6-1　点击红色圆圈按钮　　　图 6-2　点击红色对勾按钮　　　图 6-3　选择视频编辑选项

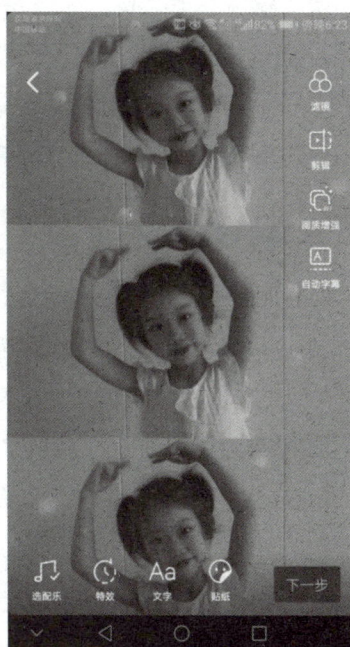

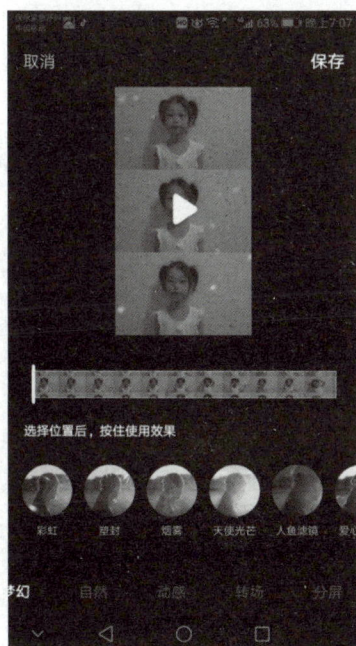

图 6-4　添加特效　　　　　　　图 6-5　发布短视频

课堂互动

回想一下，自己曾使用过哪些视频类 App，请说一说它们各自的特点。

必备知识 🔍

一、数字媒体技术及其应用现状

1. 认识数字媒体技术

数字媒体是指以二进制的形式记录、处理、传播、获取信息的载体，这些载体包括数字化的文字、图形、图像、声音、视频和动画等感觉媒体，表示这些感觉媒体的表示媒体（编码），以及存储、传输、显示表示媒体的实物媒体（如磁盘、光盘等）。

数字媒体技术是一个应用领域很广的新兴学科，它以信息科学和数字技术为主导，以大众传播理论为依据，以现代艺术为指导，是将信息传播技术应用到文化、艺术、商业、教育和管理领域的科学与艺术高度融合的综合交叉学科。它主要研究与数字媒体信息的获取、处理、存储、传播、管理、安全、输出等相关的理论、方法、技术与系统。

2. 数字媒体技术的应用现状

目前，数字媒体技术的应用已遍及社会生活的各个领域。表 6-1 列举了数字媒体技术的一些典型应用领域。

表 6-1　数字媒体技术的典型应用领域

应用领域	说　明	图　例
娱乐、教育、医疗、办公	电子书、电影/电视、音乐、游戏、多媒体教学、远程教育、远程诊断、自动化办公、视频会议等	
平面设计	广告设计、商标设计、包装设计、海报设计、插画设计、宣传册设计、装饰装潢设计、网页设计、商品照片处理、电子相册制作等	
动画设计	二维动画设计、三维动画设计等	
影视制作	影视广告制作、企业或产品宣传片制作、影视特效制作、电视栏目包装等	

课堂互动

列举几个自己曾接触过的数字媒体技术应用案例。

二、常见数字媒体素材及获取途径

常见数字媒体包括文本、图像、音频和视频等，下面介绍这些媒体素材的获取方法。

1. 获取文本素材

获取文本素材的方法主要有以下几种。

（1）从网页中复制：利用搜索引擎搜索出需要的网页，选中网页中的文字内容，将其复制到记事本中，保存即可。将文本复制到记事本中的目的是去除格式，从而方便作为其他文档的素材。

（2）从网上下载：目前许多网站提供 Word、TXT 等格式的文档下载，找到这些文档并下载即可。例如，可以在百度文库（wenku.baidu.com）中搜索文档并下载。

（3）手动创建文本：直接利用键盘在文档编辑软件中输入文本；也可以利用语音输入、手写输入或扫描识别输入等方式输入文本。

2. 获取图像素材

获取图像素材的方法主要有以下几种。

（1）从网上下载：利用搜索引擎搜索出需要的图片，然后将其保存到计算机中。也可以从网上的图片素材库网站购买、下载图片素材，或从淘宝网购买图片素材。

（2）利用手机或相机拍摄：用手机或相机拍摄需要的相片，将其传输到计算机中。

（3）捕捉屏幕图像：利用屏幕捕捉软件捕捉计算机显示器屏幕上的图像，将其保存在计算机中或直接拷贝到 Word 文档中。

（4）利用扫描仪扫描：利用扫描仪将图书、期刊等纸质媒介上的图像扫描到计算机中。

3. 获取音频素材

获取音频素材的方法主要有以下几种。

（1）从网上下载：利用搜索引擎搜索出需要的音频素材，将其下载到计算机中。

（2）录制声音：利用计算机（需要配麦克风）、录音笔或手机等录制声音。

（3）从影片中提取：使用音频编辑软件或其他软件将影片中的音频单独提取出来，如 Adobe Audition 便具备此功能。

4. 获取视频素材

获取视频素材的方法主要有以下几种。

（1）从网上下载：从网上搜索并下载视频文件。

（2）录制视频：使用数码摄像机、数码相机或手机等进行摄像，然后将录制的视频文件传输到计算机中。

（3）录制屏幕：利用屏幕录制软件将对计算机进行的操作录制成视频，或将计算机中正在播放的视频录制下来。常用的屏幕录制软件有 Camtasia Studio、Snagit、FlashBack Pro、屏幕录像专家等。

（4）截取视频片段：利用视频编辑软件在现有视频中截取一个片段。

说一说自己曾获取过哪些有趣的素材，是通过哪种途径获取的？主要用来做什么？

三、数字媒体作品设计规范

数字媒体作品设计规范主要包括以下几项。

（1）数字媒体作品题材应遵守国家有关规定，不出现违反法律、危害社会道德的内容，抵制低俗、庸俗、媚俗之风。

（2）作品中的元素包括但不限于文字、图像、声音、代码等；如有作品元素（如音乐、部分代码）非本人创作，应取得与该元素对应的合法授权并合理标识；作品应具备与知识产权有关的全部信息，包括但不限于作者名称、作品名称和关键字等。

（3）作品画面应清晰完整、连贯流畅，不应出现与内容无关的扭曲、偏色、模糊、变形、穿帮等问题，水印等嵌入性保护措施不应影响画面效果。

（4）作品中出现的文字应规范，应遵循我国《通用规范汉字表》，不能出现乱码、实心字、错字、别字、多字、漏字、倒字等；文字颜色不能与背景颜色相同或相近，应能清晰阅读。

（5）作品应熟练运用技术手段，无明显的技术瑕疵，不出现与内容无关的声音、画面及运动的不匹配问题。作品完成度高，风格统一，形式符合行业规范。

（6）注意突出主题信息，界面布局要简明清晰。

实践探索——从因特网上获取素材

因特网上的资源非常丰富，不仅有各种各样的文字信息，还有图像、音频和视频等。请从因特网上获取图像、音频和视频等素材。

（1）获取图像素材，如漂亮的风景、动物的奇特表情图片等。

（2）获取音频素材，如轻音乐、当前流行的网络歌曲等。

（3）获取视频素材，如足球比赛进球集锦、某经典影片等。

搜索到音乐后，可以先进行播放试听，确认是所需素材后再下载。

自我评价

表6-2为本任务的完成情况评价表，请根据实际情况填写。

表 6-2　任务一完成情况评价表

任务要求	能	能，但不熟练	还不能
（1）能否理解什么是数字媒体技术	□	□	□
（2）能否获取常见数字媒体素材	□	□	□
（3）能否表述数字媒体作品设计规范	□	□	□
对本任务的一些想法和感悟			

任务二　数字图像技术应用

任务解读

　　图像是视觉类媒体中人们接触最多的一类媒体，其最大的特点是可以生动、形象、直观地表现大量的信息，具有文本和声音无法比拟的优点。

　　在本任务中，我们将了解图像文件的常用格式，掌握图像文件的格式转换方法，了解像素与图像分辨率，掌握常用图像处理软件的基本操作。

体验探究——用美图秀秀处理图像

　　美图秀秀是国内流行的图像处理软件之一，下面介绍使用美图秀秀处理图像的常用操作。

一、为图像添加艺术效果

　　下面通过为"徒步旅行.jpg"图像添加艺术滤镜，介绍使用美图秀秀为图像添加艺术效果的方法。"徒步旅行.jpg"图像添加艺术滤镜前后的对比效果如图 6-6 所示。

扫一扫
用美图秀秀处理图像

图 6-6　"徒步旅行.jpg"图像添加艺术滤镜前后的对比效果

步骤 1▶　启动美图秀秀，在其操作界面上方单击"打开"按钮，在打开的"打开图片"对话框中选择本书配套素材"项目六"/"任务二"/"艺术效果"/"徒步旅行.jpg"文件，然后单击"打开"按钮，如图 6-7 所示。

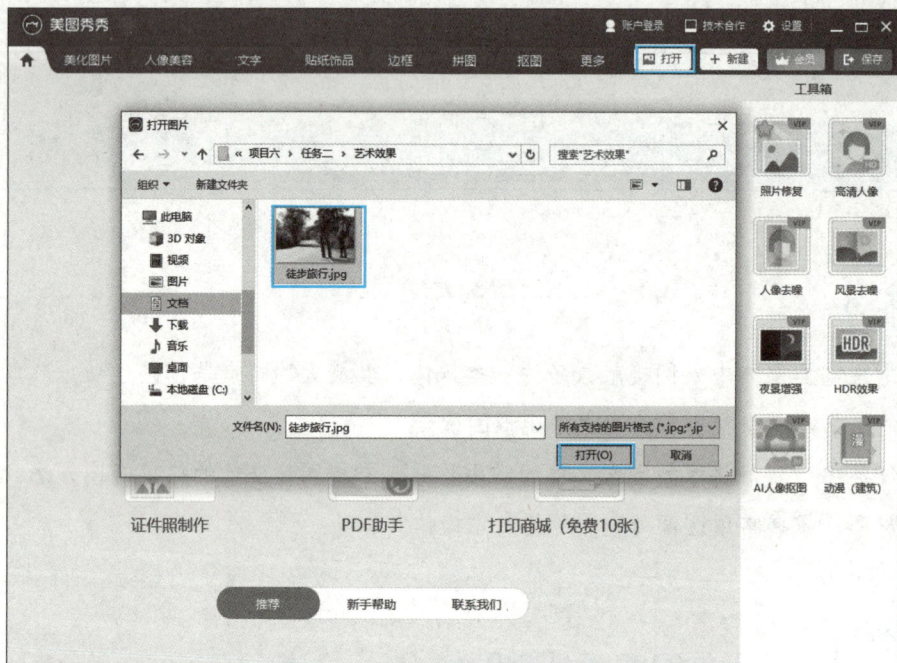

图 6-7　打开素材"徒步旅行.jpg"

步骤 2▶　切换到"美化图片"选项卡，然后在"特效滤镜"区单击"电影感"类别中的"小森林"图标，为图像应用该特效滤镜，如图 6-8 所示。最后单击"保存"按钮，保存图像。

知识链接　在"美化图片"选项卡左侧面板的"图片增强"组中单击某图标，在打开的界面中可调整图像的相关参数，如亮度、对比度、饱和度、补光、高光、色相、色温等；利用"各种画笔"组中的工具，可以实现为图像添加修饰、上色、打马赛克等功能。

图 6-8　为图像应用特效滤镜

二、人像美容

下面通过美化"雀斑女孩.jpg"图像，介绍使用美图秀秀"人像美容"功能美化人物图像的方法。"雀斑女孩.jpg"图像美化前后的对比效果如图 6-9 所示。

图 6-9　"雀斑女孩.jpg"图像美化前后的对比效果

步骤 1▶　启动美图秀秀，切换到"人像美容"选项卡，单击"打开图片"按钮，在打开的"打开图片"对话框中选择本书配套素材"项目六"/"任务二"/"美化人物"/"雀斑女孩.jpg"文件，然后单击"打开"按钮，如图 6-10 所示。

步骤 2▶　在界面右侧的"一键美颜"列表中单击"自然"图标，即可对人物图像添加自然风格的美颜效果，如图 6-11 所示。最后单击"保存"按钮，保存图像。

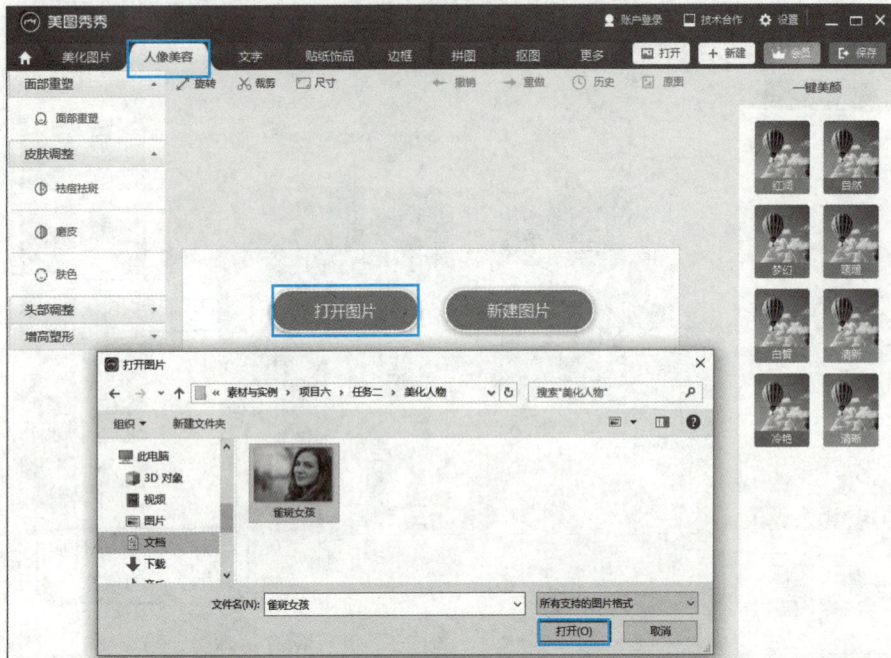

图 6-10　打开素材"雀斑女孩.jpg"

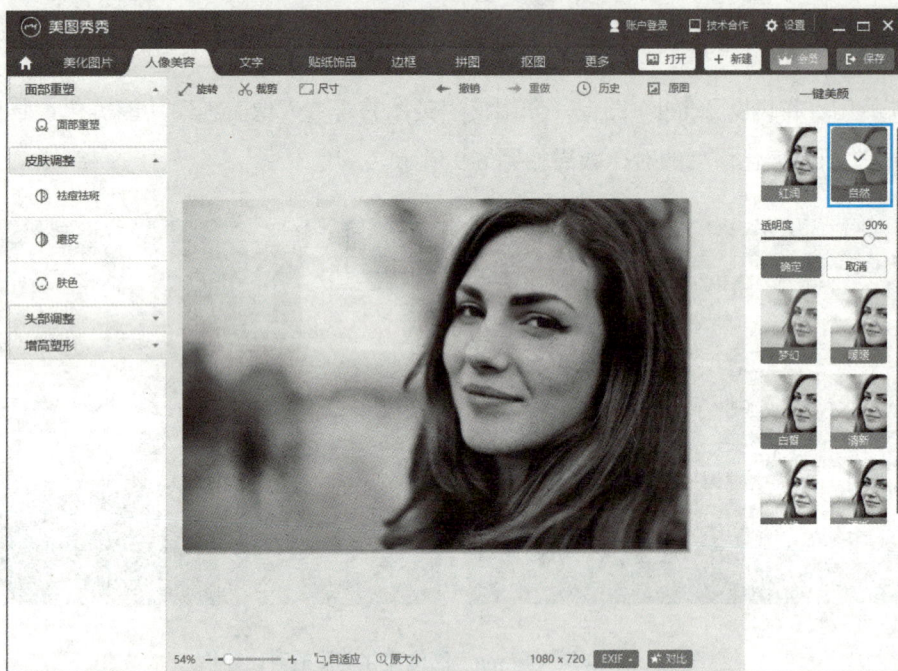

图 6-11　对人物图像进行一键美颜

三、装饰图像

下面通过为"女孩.jpg"图像添加文字和边框，介绍使用美图秀秀装饰图像的方法。"女孩.jpg"图像装饰前后的对比效果如图 6-12 所示。

图 6-12　"女孩.jpg"图像装饰前后的对比效果

步骤 1▶ 启动美图秀秀，打开本书配套素材"项目六"/"任务二"/"装饰图像"/"女孩.jpg"文件。

步骤 2▶ 切换到"文字"选项卡，在左侧选择"文字贴纸"选项，在右侧出现的"文字贴纸"列表中选择"心情"类，单击"我的天使"图标，即可为图像添加该文字贴纸，在图像窗口中调整文字贴纸的位置，并拖动其调整框的控制点，调整其大小和角度，如图 6-13 所示。

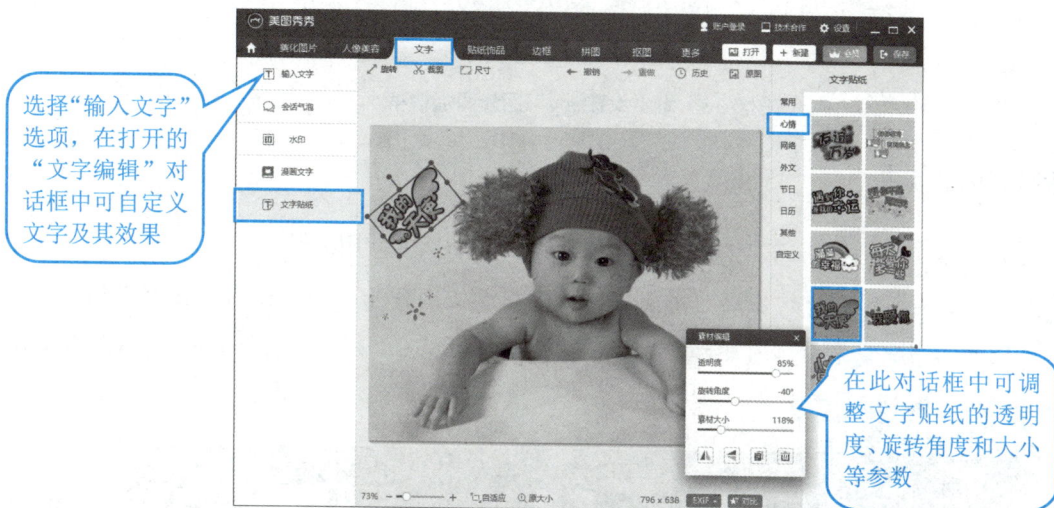

选择"输入文字"选项，在打开的"文字编辑"对话框中可自定义文字及其效果

在此对话框中可调整文字贴纸的透明度、旋转角度和大小等参数

图 6-13　为"女孩.jpg"图像添加文字贴纸

步骤 3▶ 切换到"边框"选项卡，在左侧选择"撕边边框"选项，如图 6-14 所示。

图 6-14　选择"撕边边框"选项

步骤 4▶ 打开"边框"操作界面的"撕边"选项卡，在右侧"撕边边框"列表中选择一种边框类型，如图 6-15 所示。最后单击"应用当前效果"按钮，并保存图像。

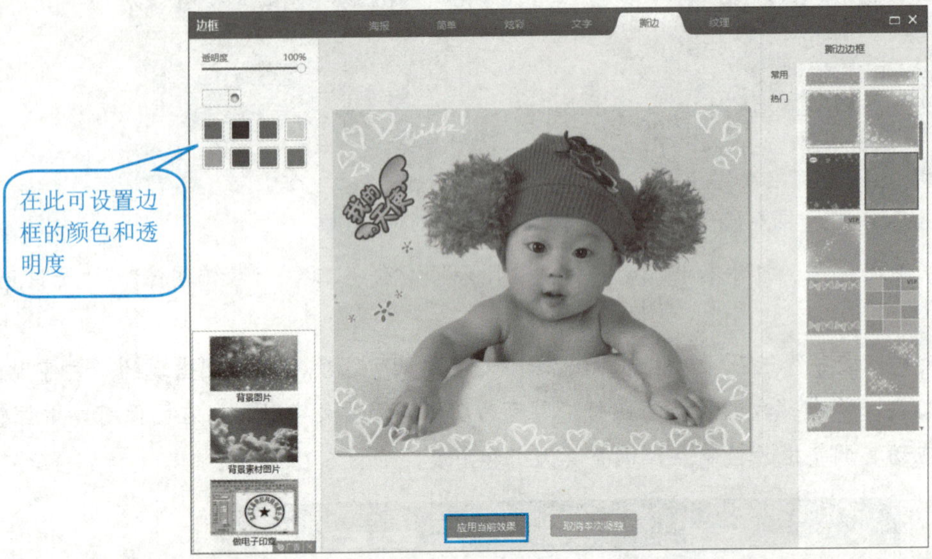

图 6-15 为"女孩.jpg"图像添加边框

四、制作拼图效果

下面通过为几幅图像制作拼图效果，介绍美图秀秀拼图功能的使用方法。

步骤 1▶ 启动美图秀秀，切换到"拼图"选项卡，单击"打开图片"按钮，在打开的"打开图片"对话框中选择本书配套素材"项目六"/"任务二"/"拼图"/"拼图素材 1.jpg"文件，然后单击"打开"按钮，如图 6-16 所示。

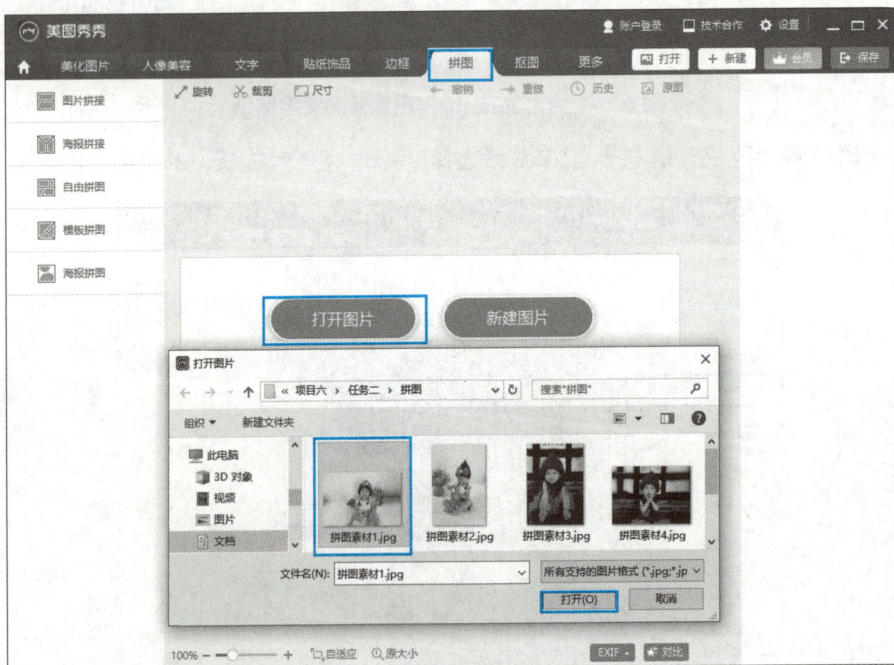

图 6-16 打开素材"拼图素材 1.jpg"

步骤 2▶　在界面左侧选择"模板拼图"选项，打开"拼图"操作界面的"模板拼图"选项卡，在右侧"模板拼图"列表中选择一种拼图样式，如图 6-17 所示。

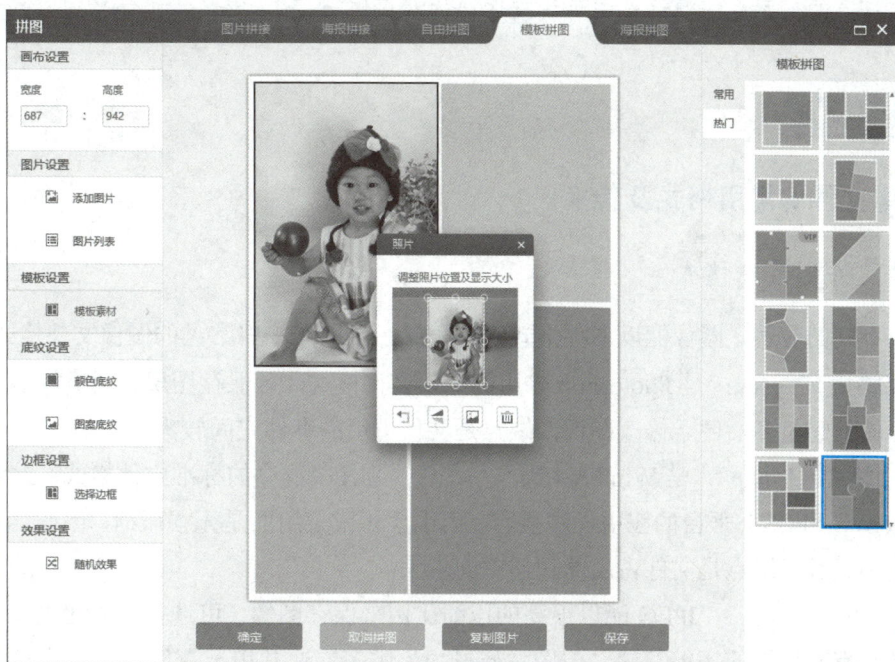

图 6-17　选择拼图样式

步骤 3▶　在左侧选择"添加图片"选项，在打开的"打开多张图片"对话框中选择"拼图"文件夹中的"拼图素材 2.jpg"至"拼图素材 5.jpg"图像，再单击"打开"按钮，系统会自动将打开的图像添加到拼图模板中，适当调整各图像的排列顺序及裁剪区域，使其最终效果如图 6-18 所示。最后保存图像。

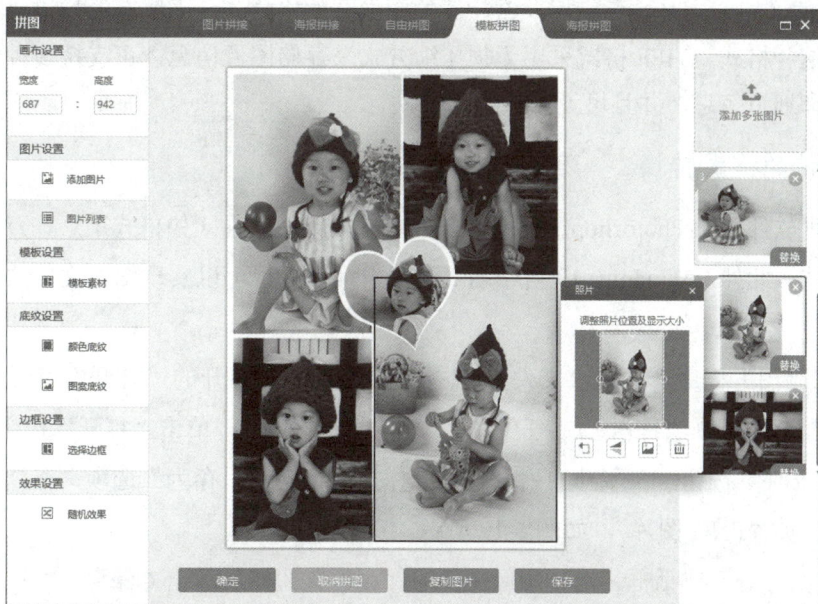

图 6-18　图像拼图最终效果

必备知识

一、图像文件的常用格式及转换

1. 图像文件的常用格式

为了适应不同的应用，图像能以多种格式进行存储。下面是一些常见的图像文件格式。

➤ **PSD 格式**（*.psd）：是 Photoshop 专用的图像文件格式，可保存图层、通道等信息。其优点是保存的信息量多，便于修改图像；缺点是文件占用的存储空间较大。

➤ **BMP 格式**（*.bmp）：是 Windows 操作系统中"画图"程序的标准文件格式，此格式与大多数 Windows 和 OS/2 平台的应用程序兼容。由于该格式采用的是无损压缩，因此，其优点是图像完全不失真，缺点是文件占用的存储空间较大。

➤ **JPEG 格式**（*.jpg）：JPEG 能以很高的压缩比例来保存图像（可选择压缩比例）。虽然它采用的是具有破坏性的压缩算法，但图像质量损失不多，通常用于存储自然风景照、人和动物的各种彩照、大型图像等。JPEG 格式仅适用于保存不含文字或文字尺寸较大的图像，否则将导致图像中的字迹模糊。

➤ **GIF 格式**（*.gif）：该格式图像最多可包含 256 种颜色，颜色模式为索引颜色模式，文件占用的存储空间较小，支持透明背景，且支持多帧，特别适合作为网页图像或网页动画。

➤ **PNG 格式**（*.png）：可移植网络图形，是许多 Web 浏览器都支持的一种图形文件格式，采用无损压缩算法，其压缩比高于 GIF 格式，支持图像透明。

➤ **TIFF 格式**（*.tif）：是一种应用非常广泛的图像文件格式，几乎所有的扫描仪和图像处理软件都支持这种格式。TIFF 格式采用无损压缩方式来存储图像信息，可支持多种颜色模式，可保存图层和通道信息，并且可设置透明背景。

2. 图像文件的格式转换

使用图像处理软件（如 Photoshop、美图秀秀）或格式转换软件（如格式工厂、万兴优转）都可以转换图像文件格式。此外，Windows 10 自带的"画图"程序，也可以实现图像文件的格式转换，方法如下：

（1）启动"画图"程序，选择"文件"/"打开"选项，在打开的"打开"对话框中选择要处理的图像，如本书配套素材"项目六"/"任务二"/"格式转换.jpg"，单击"打开"按钮，打开该图像。

（2）单击"文件"按钮，在展开的列表中将鼠标指针指向"另存为"选项，在打开的子列表中选择图像文件格式，如"PNG 图片"，如图 6-19 所示。

（3）打开"另存为"对话框，选择图像文件的保存位置，然后单击"保存"按钮，保存转换格式后的图像，如图 6-20 所示。

图 6-19　选择图像文件格式　　　　　　　　图 6-20　保存图像文件

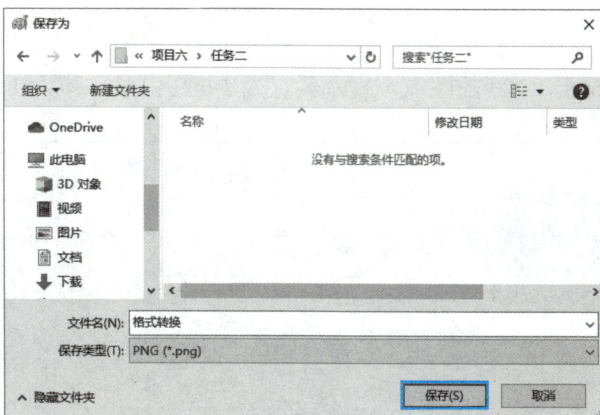

二、像素与图像分辨率

1. 像素

像素（pixel）是组成图像的最基本单元。一个图像通常由纵横排列的许多像素组成，每个像素都有不同的颜色值。当用缩放工具将图像放到足够大时，可以看到类似马赛克的效果，每个小方块就是一个像素（也可称之为栅格），如图 6-21 所示。

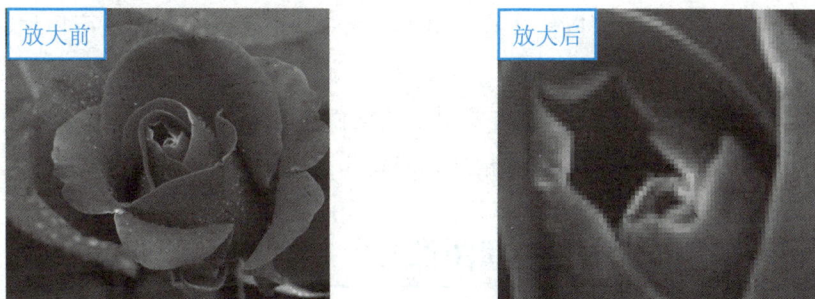

图 6-21　放大图像前后效果

2. 图像分辨率

图像分辨率是指图像在单位长度内含有像素点的数量，单位一般用像素/英寸（ppi）来表示。分辨率决定了图像细节的精细程度，一般来说，图像的分辨率越高，其所包含的像素就越多，图像就越清晰，印刷的质量也就越好。例如，相同尺寸的两个图像，分辨率为 72 ppi 的图像有些模糊（见图 6-22），而分辨率为 300 ppi 的图像就非常清晰，如图 6-23 所示。

图 6-22　分辨率为 72 ppi 的图像　　　　　　图 6-23　分辨率为 300 ppi 的图像

图像分辨率还有一种表示方法，即图像在宽和高方向上的像素量之积。例如，一幅分辨率为 1 600×1 200 的图像，表示其宽为 1 600 像素，高为 1 200 像素，总像素为 1 600×1 200。

知识链接

像素和分辨率是两个密不可分的重要概念，它们的组合方式决定了图像的数据数量。例如，高和宽均为 1 英寸的两个图像，分辨率为 72 ppi 的图像包含 5 184 个像素（72×72=5 184），而分辨率为 300 ppi 的图像则包含 90 000 个像素（300×300=90 000）。由于要储存更多的像素，高分辨率的图像文件比低分辨率的图像文件更大。

三、常用图像处理软件

目前，用于处理图像的软件很多，常用的有以下几种。

➢ **Photoshop**：是目前最流行的专业图像处理软件，被广泛应用于平面广告设计、艺术图形创作、数码照片处理等领域。

➢ **光影魔术手**：是一款针对图像画质进行改善及效果处理的软件。它简单、易用，不需要任何专业的图像处理知识，就可以制作出各种专业的相片效果，是摄影作品后期处理的必备图像处理软件，能够满足绝大部分人的需要。

➢ **美图秀秀**：是一款很好用的免费图片处理软件，操作简单，具有图片特效、美容、饰品、边框、场景、拼图等功能，可以便捷地做出影楼级照片，它还能做非主流相片、闪图、QQ 头像等，因此用户群很广。

➢ **ACDSee**：是一款图像浏览工具，主要用于浏览和管理计算机中的图片。此外，该工具还提供了一些图像编辑功能，如转换图像格式、旋转和裁剪图像等。

实践探索——用美图秀秀处理图像

利用美图秀秀处理本书配套素材"项目六"/"任务二"/"1.jpg"文件，使其处理前后效果如图 6-24 所示。具体要求如下：

（1）裁剪图像右侧与图像不符的部分。

（2）对其进行自动美化。

（3）为其添加一个海报边框。

图 6-24　图像处理前后效果对比

自我评价

表 6-3 为本任务的完成情况评价表，请根据实际情况填写。

表 6-3　任务二完成情况评价表

任务要求	能	能，但不熟练	还不能
（1）能否表述图像文件的常用格式	☐	☐	☐
（2）能否转换图像文件格式	☐	☐	☐
（3）能否理解像素与图像分辨率	☐	☐	☐
（4）能否使用图像处理软件处理图像	☐	☐	☐
对本任务的一些想法和感悟			

任务三　数字音频技术应用

任务解读

随着数字媒体技术的快速发展，使用计算机和手机欣赏音频已成为一种普遍的休闲方式。此外，音频制作爱好者还可以使用相应的软件录制和编辑音频。

在本任务中，我们将了解音频文件的常用格式，掌握音频文件的格式转换方法，了解音频采样率和码率，掌握常用音频处理软件的基本操作。

体验探究——用 Adobe Audition 录制和处理音频

为计算机配备耳机或麦克风之后，利用音频录制和编辑工具可以录制音频，录制结束后，还可以对音频进行处理，如减少噪声、删除音频片段等。下面介绍使用 Adobe Audition 录制和编辑音频的常用操作。

扫一扫
录制和处理音频

一、录制音频

首先将麦克风插入计算机的音频输入接口，然后按以下操作步骤录制音频。

步骤 1▶ 启动 Adobe Audition，单击工具栏中的"波形"按钮 波形，在打开的"新建音频文件"对话框中设置音频文件的名称和采样率，然后单击"确定"按钮，如图 6-25 所示。

> **小提示**
>
> 录音前，可以先利用 Windows 系统的音量控制功能调整录音音量。

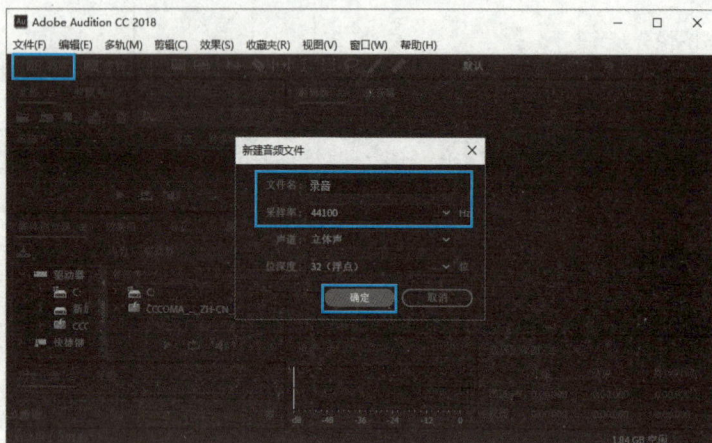

图 6-25　新建"录音"音频文件

步骤 2▶ 打开本书配套素材"项目六"/"任务三"/"讲解文字.txt"文件。

> **小提示**
>
> 此处为了便于读者学习准备了用于朗读的文本文件，读者也可打开其他文件或纸质图书进行朗读。

步骤 3▶ 单击音轨区下方的"录制"按钮 ，对着麦克风朗读"讲解文字.txt"文件中的文字。录音过程中 Adobe Audition 音轨区的状态如图 6-26 所示。

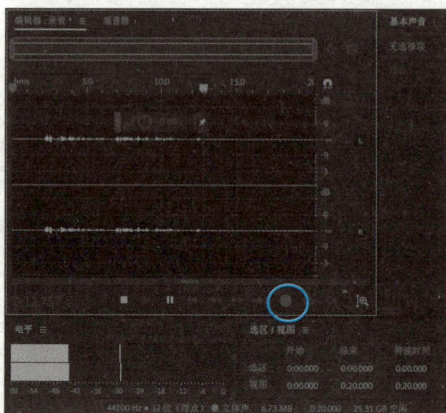

图 6-26　录制音频

步骤4▶ 录音结束后,单击"录制"按钮●停止录制,此时单击"播放"按钮▶可预览录制的声音。最后,按"Ctrl+S"组合键保存录制的音频文件。

二、为音频降噪

录制音频时,由于环境或设备原因,音频中难免会有一些杂音,因此需要降噪。下面介绍在 Adobe Audition 中利用"采样降噪法"对音频进行降噪的方法。

步骤1▶ 继续前面的操作。拖动音轨区上方的滑动条放大音频波形的显示比例,选择上方工具栏中的"时间选择工具" Ⅰ,在声音的波形上按住鼠标左键并拖动,选择较均匀的一段波形,如图6-27所示。

步骤2▶ 右击所选波形,在弹出的快捷菜单中选择"捕捉噪声样本"选项(或按"Shift+P"组合键),将选中的噪声波形采集为降噪样本,如图6-28所示。若执行该操作后弹出提示框,单击"确定"按钮即可。

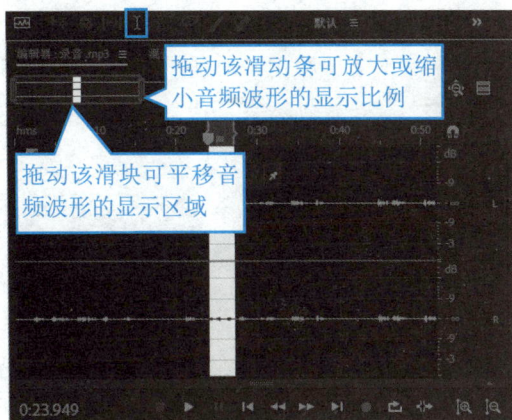

图6-27 选择较均匀的一段波形

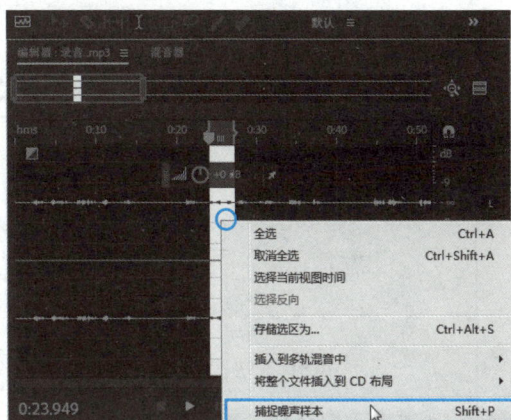

图6-28 采集噪声样本

步骤3▶ 按"Ctrl+A"组合键选中全部音频波形,然后选择"效果"/"降噪/恢复"/"降噪(处理)"选项(或按"Ctrl+Shift+P"组合键),在打开的"效果-降噪"对话框中设置"降噪"和"降噪幅度"值,如图6-29所示。

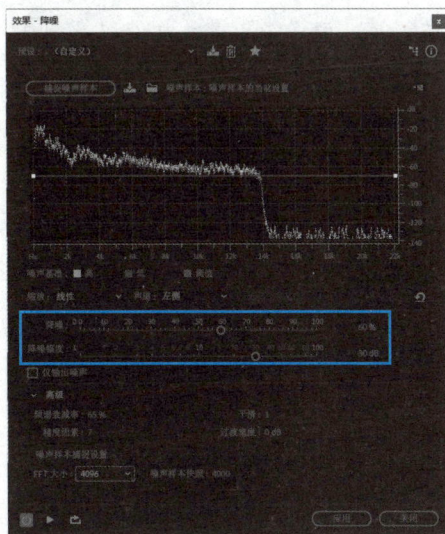

图6-29 设置"降噪"和"降噪幅度"值

"效果-降噪"对话框中常用设置项的作用如下。

捕捉噪声样本：软件从选定的噪声样本中提取背景噪声，从而更精确地降噪。如果选定的噪声样本过短，该选项将被禁用。

图形：沿 X 轴描述所选音频频率，沿 Y 轴描述降噪量。可通过编辑蓝色曲线设置所选音频在不同频率范围内的降噪量。

声道：设置在图形中显示左声道还是右声道。

降噪：用于控制输出信号中的降噪百分比。可边试听音频边微调此项，从而在确保声音最小失真的情况下获得最大降噪。

降噪幅度：设置噪声的降低幅度，一般设置为 6～30 dB 之间。如果要减少因降噪而产生的声音失真，可将该值设置得小一些。

频谱衰减率：设置当所选音频低于噪声样本时的频率衰减程度，一般设置为 40%～75% 之间。低于 40% 时，会导致声音失真；高于 75% 时，会有残留噪声。

平滑：提高平滑量（最高为 2）可减少声音失真，但会增加整体背景的宽频噪声。一般用默认值 1 的效果较好。

精度因素：设置降噪精度，设置为 5～10 之间效果较好。值等于或小于 3 时，可能会出现音量下降；值超过 10 时，不会明显提高声音品质，但会增加处理时间。

噪声样本快照：用于决定降噪时所使用的样本数量，值越大去除的噪声越多，但对音频文件本身也会产生更大的影响。通常使用默认值 4 000 即可。

步骤 4▶ 单击"预览播放/停止"按钮▶试听效果，对试听效果满意后，单击"应用"按钮开始降噪。最后，按"Ctrl+S"组合键保存降噪后的音频文件。

如需保留录制的原文件，可将降噪后的文件以其他名称另存。

三、混缩与剪辑音频

混缩即混音，指将伴奏和人声混合到一起，使两者合成一个完整的音频；剪辑是指根据需要对音频进行裁剪和编辑。下面，通过对前面处理的音频进行剪辑并添加背景音乐，介绍使用 Adobe Audition 混缩与剪辑音频的方法。

步骤 1▶ 继续前面的操作。单击 Adobe Audition 工具栏中的"多轨"按钮 ▦ 多轨，在打开的"新建多轨会话"对话框中设置多轨会话名称、保存位置和采样率，单击"确定"按钮，如图 6-30 所示。

步骤 2▶ 选择"文件"/"导入"/"文件"选项（或按"Ctrl+I"组合键），在打开的"导入"对话框中选择本书配套素材"项目六"/"任务三"/"背景音乐.mp3"文件，单击"打开"按钮，导入该文件。此时导入的背景音乐将显示在 Adobe Audition 的"文件"面板中，如图 6-31 所示。

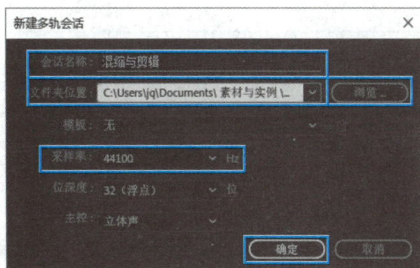

图 6-30 新建"混缩与剪辑"多轨会话文件

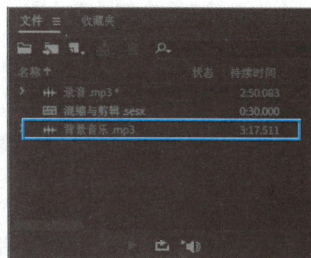

图 6-31 导入的背景音乐

步骤 3▶ 将"文件"面板中的"录音.mp3"文件拖放到轨道 1 中,将"背景音乐.mp3"文件拖放到轨道 2 中,然后增加轨道 1 的音量,减小轨道 2 的音量,如图 6-32 所示。

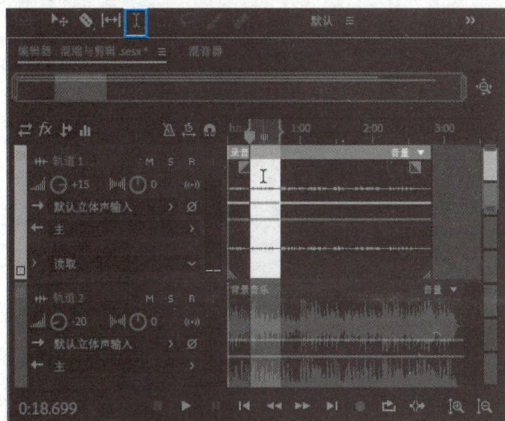

图 6-32 将音频添加到轨道中并调整轨道音量

步骤 4▶ 在录音时有时会出现口误,这时就需要对音频进行剪辑,去除口误的部分。预览录制的音频,发现口误的部分后,选择工具栏中的"时间选择工具"，在轨道 1 中按住鼠标左键并拖动,选择要删除的音频波形,然后按"Alt+Delete"组合键将其删除,如图 6-33 所示。

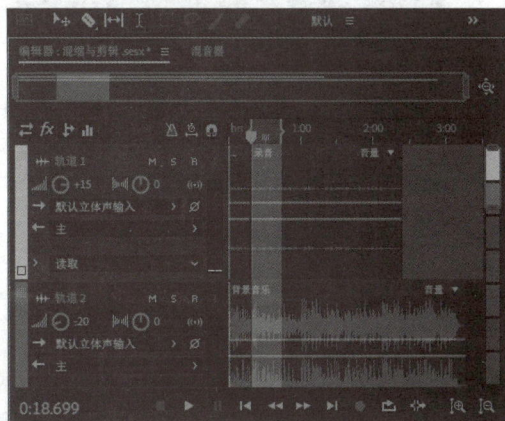

图 6-33 删除音频的口误部分

> 若在删除所选音频波形时不同时按住"Alt"键，则其右侧的音频波形将不会自动向左移动。

步骤 5▶ 将时间指示器移动到轨道 1 中音频波形的结束位置，然后选择工具栏中的"切断所选剪辑工具" ![剪辑工具图标]，单击轨道 2 中时间指示器所在的位置，从该处将音频波形剪为两段，再使用"移动工具" ![移动工具图标]选中多余的音频片段，按"Delete"键将其删除，如图 6-34 所示。

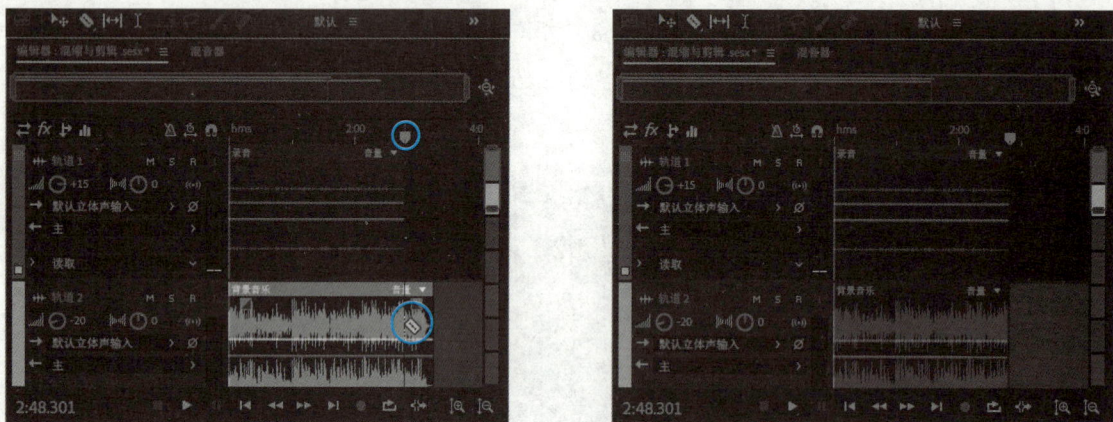

图 6-34　删除多余的音频

步骤 6▶ 按"Ctrl+S"组合键保存多轨会话文件（若弹出提示框，可单击"是"按钮）。选择"文件"/"导出"/"多轨混音"/"整个会话"选项，在打开的"导出多轨混音"对话框中设置文件的保存位置和文件名，并将保存格式设为"MP3 音频（*.mp3）"，再单击"确定"按钮，将制作好的音频导出为 MP3 文件，如图 6-35 所示。

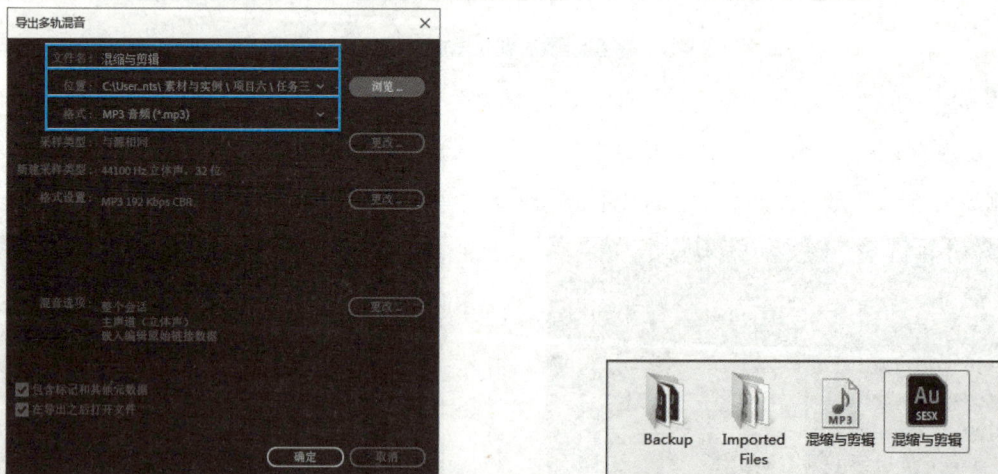

图 6-35　将音频导出为 MP3 文件

四、为音频添加音效

为音频添加音效，可以制作淡入淡出、变速和变调等效果。下面介绍在 Adobe Audition 中为音频添加音效的方法。

步骤 1▶ 启动 Adobe Audition，双击"文件"面板的空白区域，导入本书配套素材"项目六"/"任务三"/"背景音乐.mp3"文件。

步骤 2▶ 使用"时间选择工具"选择背景音乐开始处 3 秒左右的音频波形，然后选择"效果"/"振幅与压限"/"淡化包络（处理）"选项，在打开的"效果-淡化包络"对话框中的"预设"下拉列表中选择"平滑淡入"选项，并单击"应用"按钮，如图 6-36 所示。

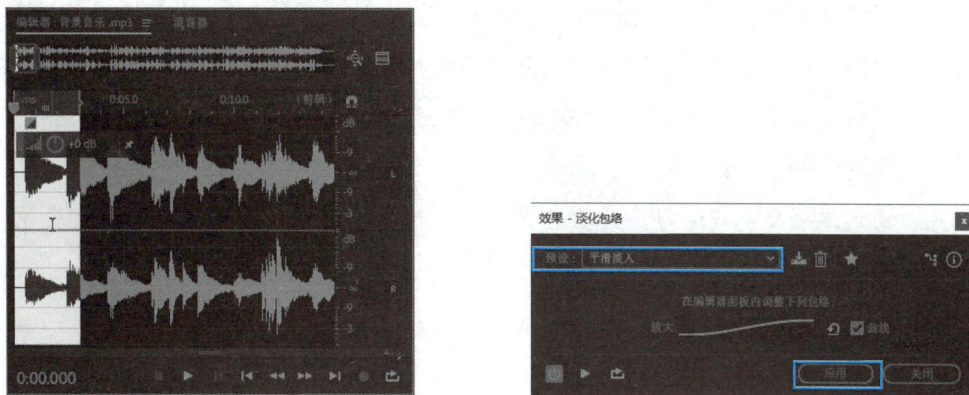

图 6-36 在音频开始处添加平滑淡入效果

步骤 3▶ 使用"时间选择工具"选择背景音乐结尾处 10 秒左右的音频波形，然后选择"效果"/"振幅与压限"/"淡化包络（处理）"选项，在打开的"效果-淡化包络"对话框中的"预设"下拉列表中选择"平滑淡出"选项，并单击"应用"按钮，如图 6-37 所示。

步骤 4▶ 按"Ctrl+Shift+S"组合键，将音频另存为"淡入淡出效果.mp3"。

步骤 5▶ 参照步骤 1，导入本书配套素材"项目六"/"任务三"/"录音.mp3"文件。

步骤 6▶ 选择"效果"/"时间与变调"/"伸缩与变调（处理）"选项，在打开的"效果-伸缩与变调"对话框中设置"伸缩"和"变调"值，然后单击"应用"按钮，如图 6-38 所示。

步骤 7▶ 使用"时间选择工具"选择音频中没有声音的波形并将其删除，然后按"Ctrl+Shift+S"组合键，将音频另存为"变速与变调效果.mp3"。

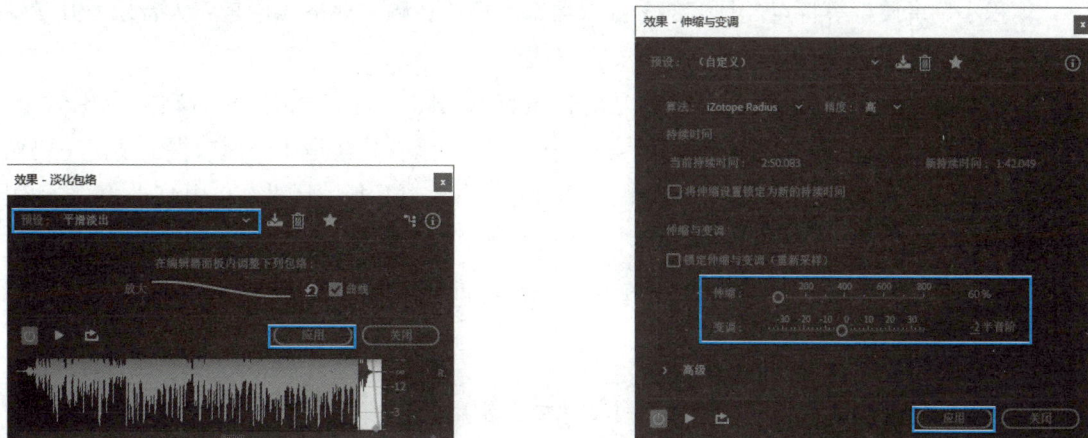

图 6-37 在音频结尾处添加平滑淡出效果

图 6-38 "效果-伸缩与变调"对话框

  "效果-伸缩与变调"对话框中部分设置项的作用如下。

  算法：用于设置对音频进行拉伸和变调的方式。选择"iZotope Radius"算法，需要较长处理时间，但引入的人为噪声较少；选择"Audition"算法，处理时间较短，但效果没有"iZotope Radius"算法好。

  精度：精度越高，变速变调的效果越好，但需要的处理时间也更多。

  新持续时间：设置变调后的音频时长（也可通过设置"伸缩"百分比设置）。

  伸缩：设置音频伸缩百分比。例如，要将音频缩短为其当前持续时间的一半，可将伸缩值指定为 50%（伸缩百分比越小，播放速度越快）。

  变调：用于调整音频的音调。

  锁定伸缩与变调：勾选此复选框后，可根据"伸缩"参数自动调整"变调"参数，或者根据"变调"参数自动调整"伸缩"参数。

必备知识

一、音频文件的常用格式及转换

1. 音频文件的常用格式

音频文件的格式有多种，它们的编码、文件大小及音质各不相同，常见的音频文件格式有以下几种。

- WAV 格式（*.wav）：是 Windows 操作系统下的标准音频格式。WAV 文件按照声波的实际振动波形进行存储，不进行压缩，音质最好，但文件所占存储空间也相对较大。
- MP3 格式（*.mp3）：具有压缩程度高（1 分钟 CD 音质音乐一般只需 1 MB），音质好的特点，是目前最流行的音频文件格式。
- MIDI 格式（*.mid）：这种文件本身记录的并不是乐曲，而是一些描述乐曲演奏过程的指令，其特点是体积小（十多分钟的音乐只有十几 KB），播放效果因软硬件不同而异。
- WMA 格式（*.wma）：是 Microsoft 公司为便于网络传输而推出的一种音频文件格式，它具有体积小、音质好等特点，且大部分播放器都支持该音频文件格式，是广大音乐爱好者使用数码产品欣赏音乐时选择较多的音频文件格式。
- RealAudio 格式（*.ra）：RealAudio 是由 Real Networks 公司推出的一种音频文件格式，它支持多种音频编码，最大的特点是可以实时传输音频信息，尤其是在网速较慢的情况下仍然可以较为流畅地传送数据，提供足够好的音质让用户能在线聆听，因此，RealAudio 主要适用于音频的在线播放。
- APE 格式（*.ape）：是一种无损压缩音频格式，可以提供 50%~70%的压缩比。

2. 音频文件的格式转换

使用音频格式转换软件可以转换音频文件的格式。常用的音频格式转换软件有以下几个。

- 闪电音频格式转换器：是一款多功能的音频转换软件，它集合了音频格式转换、音频合并、从视频中提取音频等功能，支持的音频格式有 MP3、MP2、WAV、WMA、M4R、M4A、AC3、AAC、OGG、FLAC、AIFF 等。

➤ **迅捷音频转换器**：支持常用音频格式的相互转换，提供了音频剪切、音频合并、从视频中提取音频等功能，还可以调节声道、音频质量、编码格式等。

➤ **音频转换专家**：是一款操作简单，功能强大的音频转换软件。它可以在 MP3、WAV、WMA、AAC、AU、AIF、APE、VOC、FLAC、M4A、OGG 等主流音频格式之间任意转换。此外，它还提供了音频合并、音频截取、音量调整等功能。

二、音频采样率和码率

在处理音频时经常遇到的概念是音频采样率和音频码率。

（1）音频采样率是指将模拟音频信号转换成能在计算机中存储的数字音频信号时，每秒钟在计算机中采集多少个声音样本。例如，CD 音频的采样频率为 44.1 kHz，表示每秒钟采样 44 100 个数据。常用的采样率有 8 kHz、11.025 kHz、22.05 kHz、15 kHz、44.1 kHz、48 kHz 等。

很显然，采样率越高（即采样的间隔时间越短），在单位时间内得到的声音样本数据就越多，对声音波形的表示也越精确，音质就越有保证，否则容易失真。

（2）音频码率（比特率）是指每秒播放的音频数据量，单位通常为 kbps。同格式的音频文件，码率越高，文件体积越大，相对来说音质也越好。一般音频码率为 192 kbps 时，音质已接近于 CD 音乐的音质；我们听的 MP3 歌曲的码率大多是 128 kbps。

三、常用音频处理软件

目前常用的音频处理软件有 Sound Forge、Adobe Audition 和 GoldWave 等，用户可以根据自身需求选择相应的软件处理音频。

➤ **Sound Forge**：是 Sonic Foundry 公司的产品，它是一个非常专业的音频处理软件，包括大量的音频处理和效果制作功能，需要一定的专业知识才能使用。

➤ **Adobe Audition**：其前身为 Cool Edit，是美国 Syntrillium 公司的产品，主要用于对 MIDI 信号的加工处理，它具有声音录制、混音合成、编辑特效等功能。Cool Edit 已被 Adobe 公司收购，并改名为 Adobe Audition。

➤ **GoldWave**：是一个操作简单、功能强大的音频处理工具，用户可以用它从视频文件中提取声音。GoldWave 内含丰富的音频处理特效，从一般特效（如多普勒、回声、混响、降噪）到高级的公式计算（利用公式在理论上可以产生任何用户想要的声音）。

实践探索——录制并处理音频

练习使用 Adobe Audition 录制和处理音频的基本操作。具体要求如下：

（1）录制一段声音，所录文字不少于 100 字。

（2）为声音降噪。

（3）删除录制错误或质量不佳的声音片段。

（4）补录出问题的声音片段，并将其插入到之前录制的音频文件中。

（5）将音频文件保存为 MP3 格式。

自我评价

表 6-4 为本任务的完成情况评价表，请根据实际情况填写。

表 6-4　任务三完成情况评价表

任务要求	能	能，但不熟练	还不能
（1）能否表述音频文件的常用格式	☐	☐	☐
（2）能否理解音频采样率和音频码率	☐	☐	☐
（3）能否使用音频处理软件处理音频	☐	☐	☐
对本任务的一些想法和感悟			

任务四　数字视频技术应用

任务解读

视频处理也是数字媒体技术的一个重要应用。在本任务中，我们将了解视频文件的常用编码和格式，掌握视频文件的格式转换方法，了解视频分辨率和清晰度，掌握常用视频处理软件的基本操作，了解动画制作技术。

体验探究——用爱剪辑处理视频

使用视频处理软件可以根据需要对视频进行剪辑，还可以为视频添加特效、转场、字幕和水印等效果。下面介绍使用爱剪辑处理视频的基本操作。

扫一扫
用爱剪辑处理视频

一、剪辑视频文件

步骤 1▶ 启动爱剪辑，在弹出的"新建"对话框中设置视频大小和临时目录，然后单击"确定"按钮，如图 6-39 所示。

步骤 2▶ 单击"视频"面板下方的"添加视频"按钮，在打开的"请选择视频"对话框中选择本书配套素材"项目六"/"任务四"/"企业宣传素材"文件夹中的"素材 1.mp4"和"素材 2.mp4"文件，单击"打开"按钮，将其导入到"已添加片段"列表中，如图 6-40 所示。

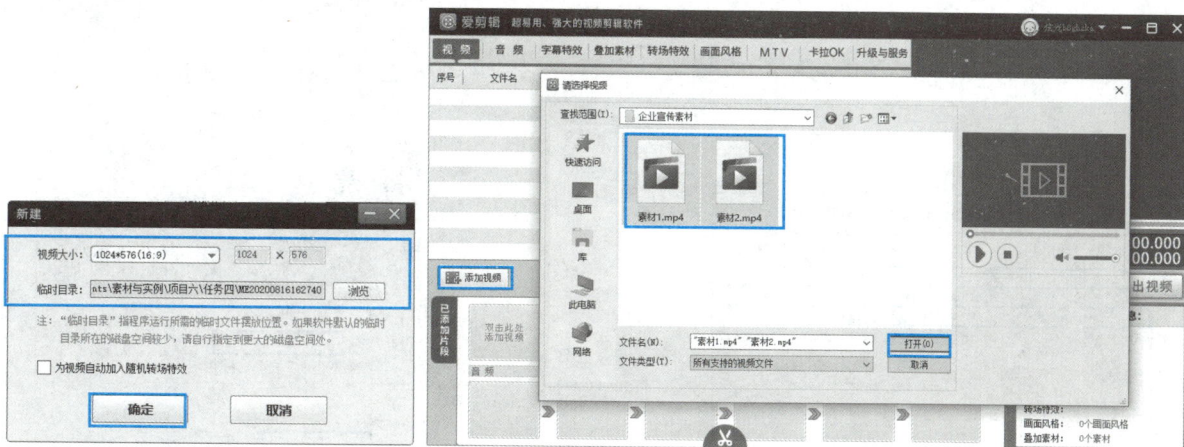

图 6-39 设置视频大小和临时目录

图 6-40 添加视频素材

步骤 3▶ 右击"已添加片段"列表中的"素材 2"片段，在弹出的快捷菜单中选择"消除原片声音"选项，删除视频中的声音，如图 6-41 所示。

步骤 4▶ 在"已添加片段"列表中选中"素材 1"片段，在预览窗口中将播放头移至第 6 分 57 秒处，单击"已添加片段"列表下方的"超级剪刀手"按钮 ✂，将"素材 1"片段切割成两段，如图 6-42 所示。

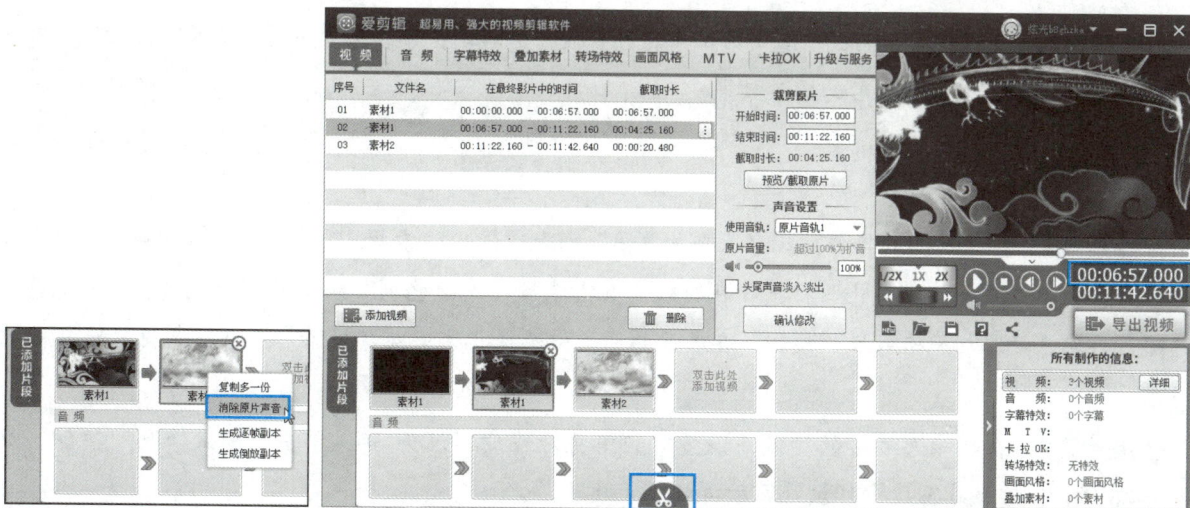

图 6-41 删除视频中的声音

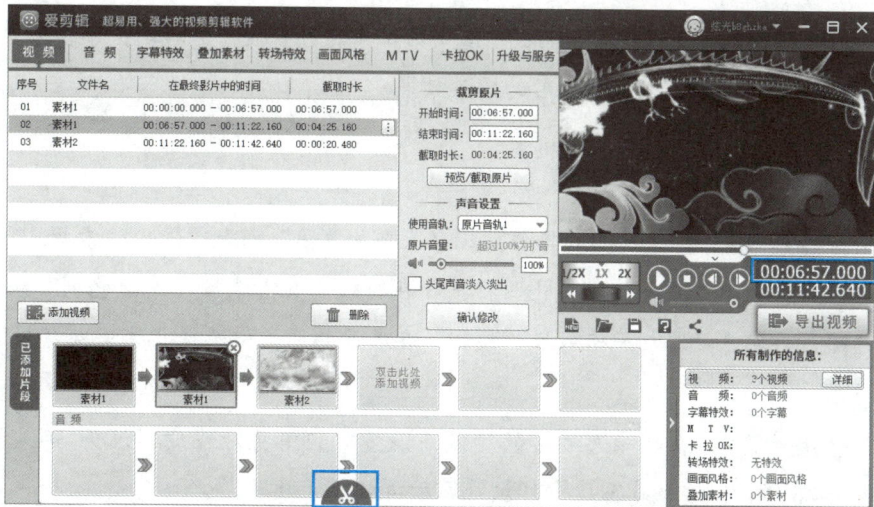

图 6-42 切割视频片段

步骤 5▶ 保持选中"已添加片段"列表中切割出的视频片段，在预览窗口中将播放头移至第 7 分

14 秒处，单击"超级剪刀手"按钮 ✂️ 进行切割，然后删除"视频"面板中第 1 个和第 3 个视频片段，如图 6-43 所示。

步骤 6▶ 双击"已添加片段"列表中的"素材 2"片段，在打开的"预览/截取"对话框中将播放头拖至第 11 秒处，然后单击"开始时间"右侧的 🕐 按钮，设置截取视频的开始时间，单击"确定"按钮，如图 6-44 所示。

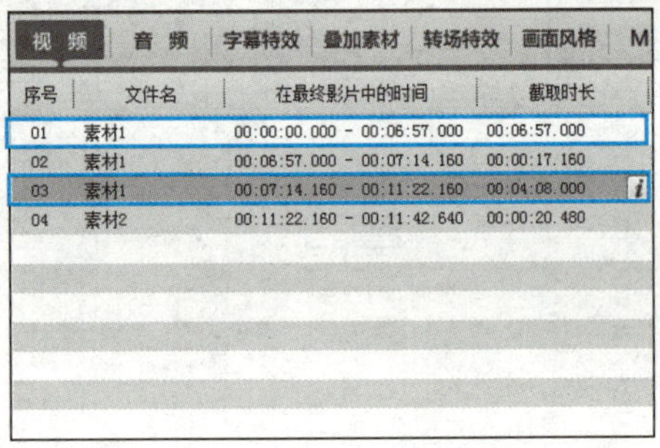

图 6-43　删除不需要的视频片段

图 6-44　截取视频片段

小提示　　在"预览/截取"对话框中设置截取视频结束时间的方法与设置开始时间相同，若没有设置结束时间，则截取视频的结束时间即为原视频片段的结束时间。

步骤 7▶ 在"视频"面板中选中第 1 个视频片段，然后单击预览窗口中的"播放"按钮 ▶️，可以在预览窗口中预览剪辑视频后的播放效果。

二、为视频添加特效

步骤 1▶ 继续前面的操作。在"已添加片段"列表中选中"素材 1"片段，然后切换到"画面风格"面板，单击左侧的"美化"标签，在特效列表中选择"画面色调"组中的"一键电影专业调色"选项，再单击"添加风格效果"按钮，在展开的列表中选择"为当前片段添加风格"选项，如图 6-45 所示。

步骤 2▶ 在功能选项区的"效果设置"组中将"程度"设为 50，单击"确认修改"按钮，如图 6-46 所示。在预览窗口中可预览添加特效后的效果。

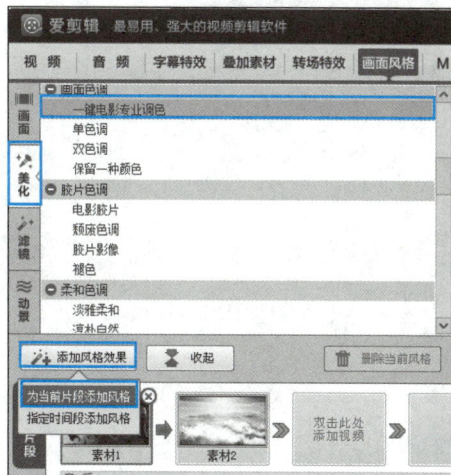

图 6-45 为视频片段添加美化特效

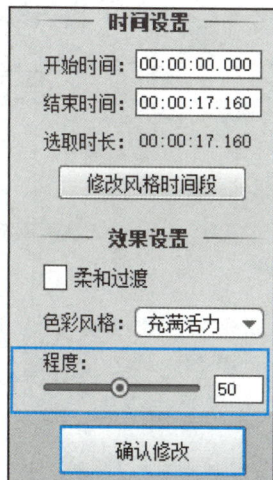

图 6-46 调整美化特效参数

步骤3▶ 参照步骤1～步骤2，为"素材2"片段添加"一键电影专业调色"特效，并调整其"程度"参数为50。

步骤4▶ 保持选中"素材2"片段，单击"画面风格"面板左侧的"动景"标签，然后选择"特色动景特效"组下的"烟花灿烂"选项，再单击"添加风格效果"按钮，在展开的列表中选择"指定时间段添加风格"选项，如图6-47所示。

步骤5▶ 在打开的"选取风格时间段"对话框中将播放头移至要添加动景特效的位置，然后单击"开始时间"右侧的 🕐 按钮，设置动景特效的开始时间，如图6-48所示。

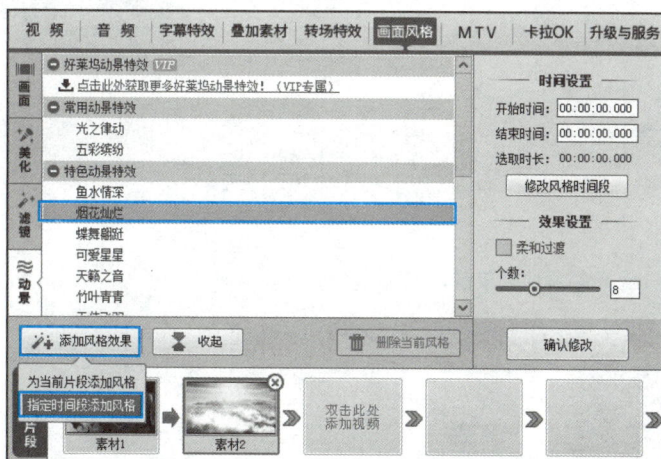

图 6-47 为视频片段添加动景特效

图 6-48 设置添加动景特效的开始时间

步骤6▶ 单击"确定"按钮，再单击功能选项区中的"确认修改"按钮，在预览窗口中预览为视频添加动景特效后的播放效果。

三、为视频添加转场特效和音频

步骤1▶ 继续前面的操作。在"已添加片段"列表中选中"素材2"片段，然后切换到"转场特效"面板，双击"3D或专业效果类"组中的"紫荆花"特效，为视频添加该转场特效，如图6-49所示。

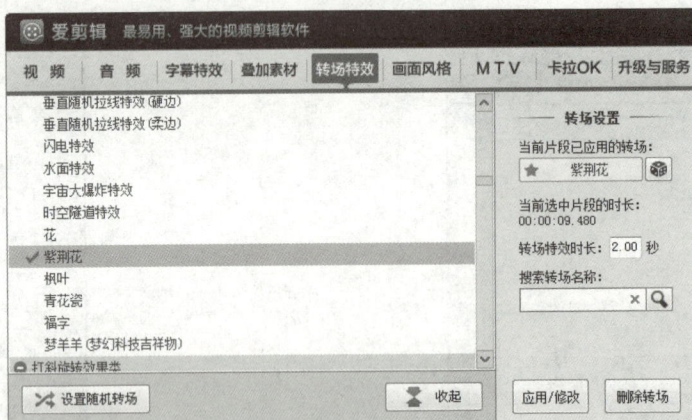

图 6-49 为视频添加转场特效

步骤 2▶ 切换到"音频"面板，单击下方的"添加音频"按钮，在展开的列表中选择"添加背景音乐"选项，在打开的"请选择一个背景音乐"对话框中双击"企业宣传素材"文件夹中的"背景音乐.mp3"音频文件，如图 6-50 所示。

步骤 3▶ 在打开的"预览/截取"对话框中，将音频的结束时间设为整个视频的结束时间，单击"确定"按钮，如图 6-51 所示。

步骤 4▶ 单击功能选项区中的"确认修改"按钮，在预览窗口中预览播放效果。

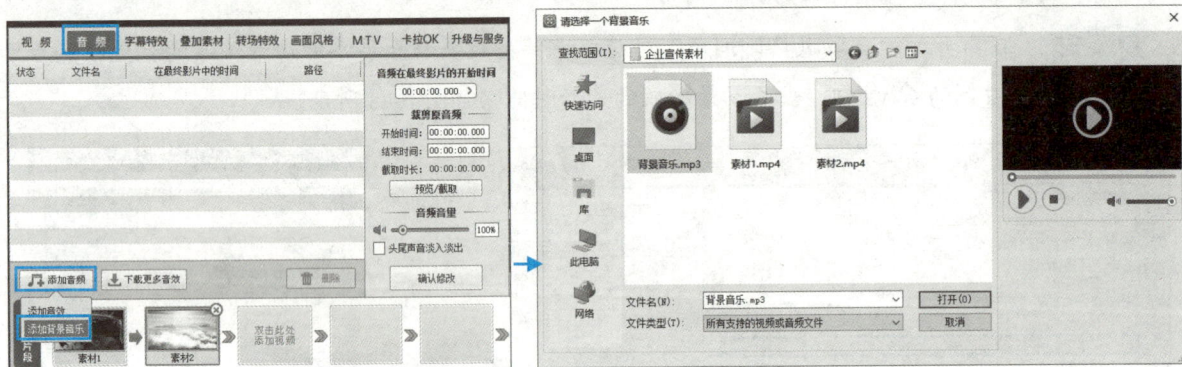

图 6-50 为视频添加背景音乐

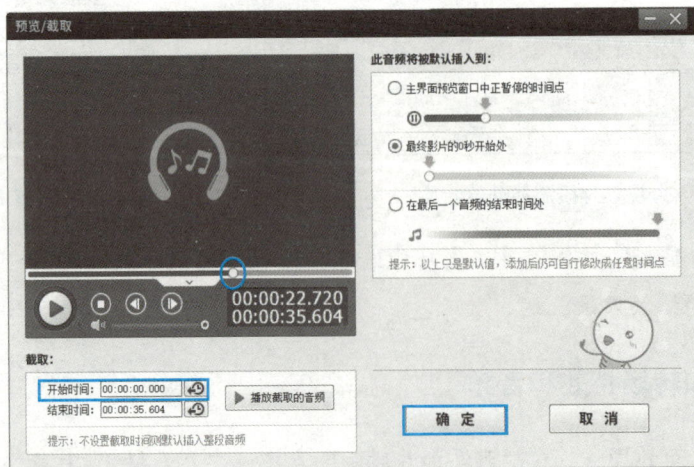

图 6-51 截取音频片段

四、为视频添加字幕和水印

步骤 1▶ 继续前面的操作。将预览窗口中的播放头拖至要添加字幕的位置，本例保持在默认的 0 秒处。

步骤 2▶ 切换到"字幕特效"面板，关闭预览窗口中的提示框，然后在预览窗口中双击，在打开的"输入文字"对话框中输入字幕文字，并单击"确定"按钮，如图 6-52 所示。

步骤 3▶ 在"字体设置"面板中设置字幕文字的字体、大小、颜色、阴影等参数，并在"快速定位摆放的位置"区单击中间的小方块，将字幕定位到画面中心（也可在预览窗口中拖动字幕，以调整其位置），如图 6-53 所示。

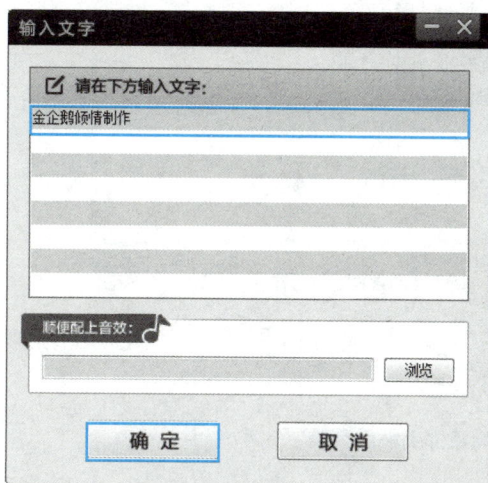

图 6-52　输入字幕文字

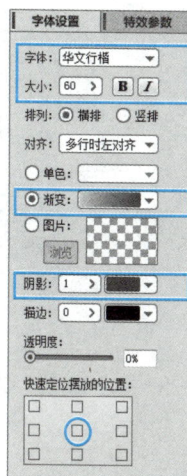

图 6-53　设置字幕的字体格式及位置

步骤 4▶ 在功能面板组左侧的"出现特效"列表中，选择"好莱坞大片特效类"组中的"缤纷秋叶"选项，如图 6-54 所示。

步骤 5▶ 单击"停留特效"标签，在"停留特效"列表中选择"好莱坞大片特效类"组中的"黄射光"选项。

步骤 6▶ 单击"消失特效"标签，在"消失特效"列表中可选择字幕的消失特效，本例保持默认的"淡出效果"特效。

步骤 7▶ 添加特效后，在"特效参数"面板中可设置各特效的持续时间和效果，本例保持默认设置，如图 6-55 所示。

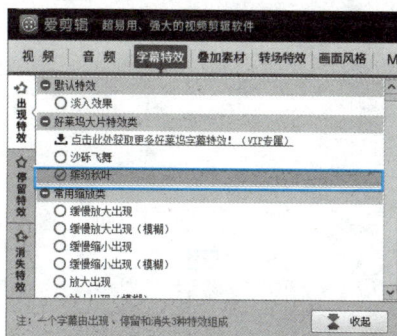

图 6-54　为视频添加出现特效

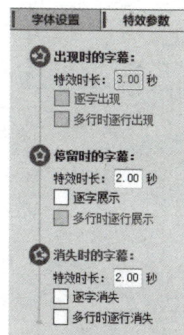

图 6-55　设置字幕特效参数

步骤8▶ 单击功能选项区下方的"播放试试"按钮，可在预览窗口中预览添加的字幕特效。

步骤9▶ 切换到"叠加素材"面板，关闭预览窗口中的提示框，然后在预览窗口中双击，在打开的"选择贴图"对话框中单击"添加贴图至列表"按钮，接着在打开的"请选择贴图图片"对话框中选择本书配套素材"项目六"/"任务四"/"企业宣传素材"/"水印.png"文件，单击"打开"按钮，如图 6-56 所示。

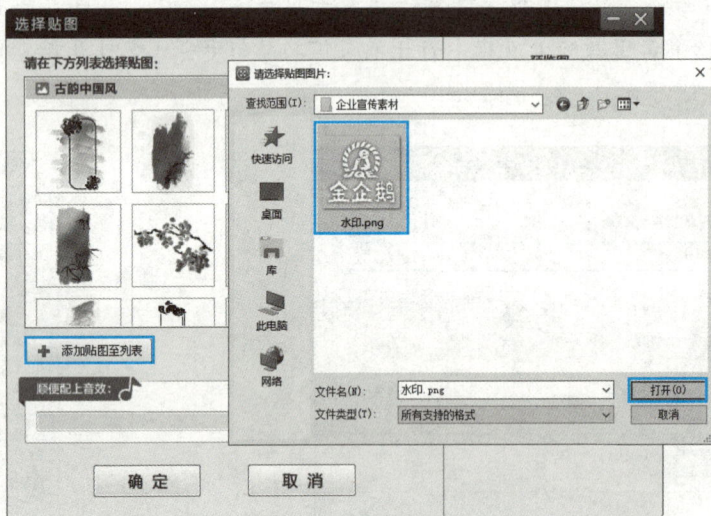

图 6-56　将图像添加到贴图列表

步骤10▶ 在功能选项区中设置贴图的持续时长、透明度和在画面中的位置，如图 6-57 所示。

步骤11▶ 按"Ctrl+S"组合键，在打开的"请选择爱剪辑工程文件的保存路径"对话框中设置工程文件的保存位置和保存名称，并单击"保存"按钮，如图 6-58 所示。

步骤12▶ 单击预览窗口下方的"导出视频"按钮，在打开的"导出设置"对话框中设置视频的片头（此处保持默认），并添加片名、制作者信息，单击"下一步"按钮，如图 6-59 所示。

步骤13▶ 在打开的"版权信息"界面中添加版权信息，此处保持默认，直接单击"下一步"按钮，如图 6-60 所示。

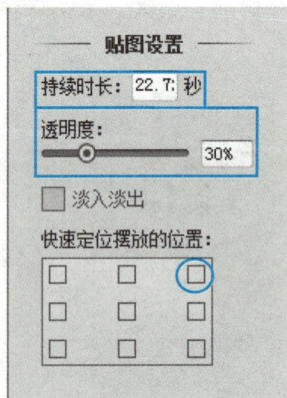

图 6-57　设置贴图的参数

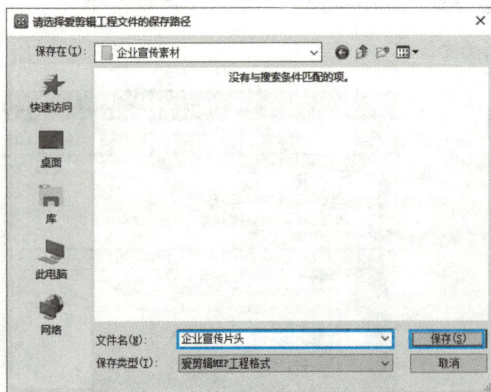

图 6-58　保存爱剪辑工程文件

图 6-59　设置片头并添加片名和制作者信息

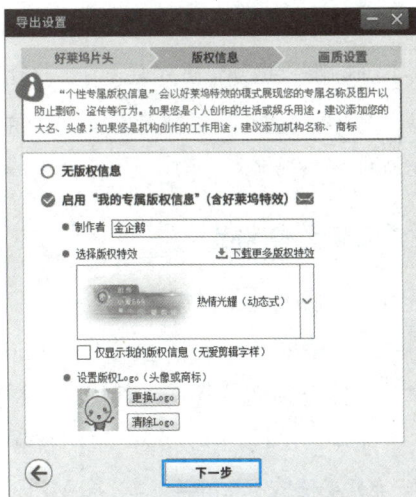

图 6-60　添加版权信息

步骤 14▶　在打开的"画质设置"界面中可设置导出格式、导出尺寸、视频比特率、视频帧速率、音频采样率、音频比特率等参数，此处保持默认，设置视频的导出路径，单击"导出视频"按钮，如图 6-61 所示。

步骤 15▶　等待一段时间，即可完成导出，并打开"导出成功！"对话框，关闭该对话框即可，如图 6-62 所示。

图 6-61　设置导出路径后单击"导出视频"按钮

图 6-62　成功导出视频

必备知识

一、视频文件的常用编码、格式及转换

1. 视频编码

视频编码是指使用特定技术对视频进行压缩，以在尽量不损害其播放效果的情况下减少其体积的

一种方式。常用的视频编码标准有国际电联制定的 H.264，国际标准化组织制定的 MPEG-1、MPEG-2、MPEG-4 等标准。此外，在互联网上广泛应用的还有微软公司的 WMV、VC-1 及苹果公司的 QuickTime 等编码。其中，H.264 和 MPEG-4 是目前流行的高清视频编码标准，它们最大的特点是具有极高的压缩比且视频质量较高。

2. 视频文件格式

视频文件格式是指对编码后的视频流进行封装的方式。常见的视频文件格式有以下几种。

- ➤ **AVI 格式**（*.avi）：全称是 Audio Video Interleaved（音频视频交错），是 Microsoft 公司开发的一种视频文件格式，其优点是图像质量好，缺点是体积过于庞大，且压缩标准不统一，兼容性差，不同压缩标准产生的视频需要不同的解码器才能播放。

- ➤ **MP4 格式**（*.mp4）：又称 MPEG-4，由国际标准化组织（ISO）和国际电工委员会（IEC）下属的"动态图像专家组"（Moving Picture Experts Group，MPEG）制定。MPEG-4 格式主要用于网络播放、光盘、语音发送（如视频电话），以及电视广播等方面。

- ➤ **WMV 格式**（*.wmv）：全称是 Windows Media Video，也是 Microsoft 公司推出的一种视频压缩格式，其优点是可以直接在网上实时观看，且支持部分下载；其缺点是画面质量与文件大小成正比，质量越高，文件所占空间越大。

- ➤ **MOV 格式**（*.mov）：是由 Apple 公司开发的一种专用视频文件格式，具有压缩比高和视频清晰度好等特点，而且可以跨平台使用。MOV 文件的缺点是支持的播放器少。

- ➤ **RM/RMVB**（*.rm/*.rmvb）：这是由 Real Audio 公司推出的两种视频压缩格式，同 WMV 类似，这两种格式也是用于网络传输和网络实时播放，但是它的视频质量更高，空间占用率更小，是目前网络中常见的视频格式，其缺点是需要安装专门的解码器才能播放。

- ➤ **FLV 格式**（*.flv）：是 Adobe 公司推出的视频格式，使用该格式的视频具有文件体积小，适合在网络上播放等优点，目前被许多在线视频网站使用。

3. 视频格式转换

由于不同的播放器和视频处理软件所支持的视频格式不同，因此，有时需要使用视频格式转换软件转换视频的格式。

目前常用的视频格式转换软件有以下几种。

- ➤ **格式工厂**：一款万能的多媒体格式转换器，可以将几乎所有类型的视频转为 MP4、3GP、MPG、AVI、WMV、FLV、SWF 等格式。此外，格式工厂还拥有音频格式转换、图片转换和 DVD/CD/ISO 转换功能，以及视频合并、音频合并、混流等高级功能。

- ➤ **狸窝全能视频转换器**：一款功能强大、界面友好的全能型音视频转换及编辑软件，不但支持音视频文件格式的转换，还可以对音视频文件进行剪辑和调整。

- ➤ **迅捷视频格式转换器**：一款多功能的视频格式转换软件，采用先进的算法进行转换，可以充分发挥计算机的性能，快速完成视频文件格式转换工作。

- ➤ **魔影工厂**：一款简单实用的全能格式转换软件，针对国人的使用习惯进行了优化，且完全免费。

- ➤ **暴风转码**：暴风影音最新推出的一款免费的专业音视频转换软件，支持所有主流的音视频格式，且支持批量格式转换功能。

二、视频分辨率和清晰度

1. 视频分辨率

视频分辨率是指视频的一幅画面中像素的数量，通常用"水平方向像素数量×垂直方向像素数量"的方式来表示，如 1 280×720。

> 标清视频的英文为"standard definition"，缩写为"SD"，是指分辨率在 1 280×720 以下的 DVD、电视节目等视频。常见的标清视频分辨率有 720×576 和 720×480。

> 高清视频的英文为"high definition"，缩写为"HD"，是指具备 720 p 或 1 080 p 及以上垂直分辨率，画面宽高比为 16：9 的数字视频。一般使用垂直分辨率来界定视频属于标清还是高清。在描述视频的垂直分辨率时，通常都会在分辨率后添加 p 或 i 标识。其中，1 080 p 高清的视频又称为全高清（full HD），它的分辨率可达 1 920×1 080。

2. 视频清晰度

总的来说，视频的清晰度与视频编码、视频分辨率和视频比特率（码率）相关。视频比特率是指每秒播放的视频数据量，单位通常为 kbps。同编码的视频文件，码率和分辨率越高，视频文件体积就越大，相对来说视频质量也越好。

三、常用视频编辑软件

目前用于编辑视频的软件有很多，下面列出了其中常用的几款。

> **Adobe Premiere**：是由 Adobe 公司开发的一款专门用于视频后期处理的软件，利用它可以快速地对视频进行剪辑、添加特效和转场，被广泛应用于电视节目、广告制作和电影剪辑等领域。

> **会声会影**：是一款功能强大的视频编辑软件，提供 100 多种视频编辑与特效功能，可以轻松剪辑视频和制作各种精彩的视频特效，并可以将视频输出为多种格式。

> **爱剪辑**：是一款功能强大的视频剪辑软件，操作简单容易上手，支持视频剪辑拼接，可添加字幕、背景音乐、马赛克等，提供了影院级好莱坞特效、专业风格滤镜效果等功能。

四、动画制作技术

动画可以说是最具吸引力的媒体，具有表现力强、直观和易于理解等特点。要想制作出精彩的动画，需要具备一定的绘画基本功并掌握相关软件的应用。其中绘画基本功需要长期培养，而软件应用则相对较易掌握。

1. 动画的基本概念

动画由人工绘制或计算机生成的多幅画面组成，当画面快速、连续地播放时，由于人类眼睛存在"视觉滞留效应"而产生动感。图 6-63 为一个小狗奔跑的动画，它由 7 格画面连续播放形成。

图 6-63　小狗奔跑动画的组成画面

虽然动画与视频都是利用一系列相关图片来产生运动视觉，但是动画中的画面是人工绘制或计算机生成的，而视频中的画面则主要是用摄像机拍摄出来的实物影像。

动画的构成原则有以下几点：

（1）动画由多画面组成，并且画面必须连续。

（2）画面之间的内容必须存在差异。

（3）画面表现的动作必须连续，即后一幅画面是前一幅画面的延续。

2. 常用的动画制作软件

常用的动画制作软件有以下几种。

➤ **Ulead GIF Animator：** 是友立公司推出的 GIF 网页动画制作软件。

➤ **Ulead COOL 3D：** 是友立公司推出的一款专门制作文字三维效果的软件，通过它可以方便地生成具有各种特殊效果的三维动画。

➤ **Adobe Flash：** 是 Adobe 公司推出的 Flash 网页动画制作软件。

➤ **Animator Pro：** 是美国 Autodesk 公司推出的二维动画制作和编辑软件。使用它还可以编辑在 3ds Max 中制作的图片和动画。

➤ **3ds Max：** 是美国 Autodesk 公司推出的三维动画制作软件，常用于电脑游戏中的动画制作，以及影视片的特效制作等。

➤ **Maya：** 是 Autodesk 公司出品的世界顶级的三维动画软件，应用对象是专业的影视广告、角色动画、电影特技等。

实践探索——制作音乐短片

使用爱剪辑对本书配套素材"项目六"/"任务四"/"故宫素材"文件夹中的素材进行处理，制作一个名为"故宫园景.mp4"的音乐短片，如图 6-64 所示。具体要求如下：

图 6-64　故宫园景短片截图

（1）启动爱剪辑，将视频素材导入到"已添加片段"列表。

（2）在"故宫 1"片段第 23 秒处进行切割，并删除后一段视频。

（3）为"故宫 1"和"故宫 2"片段添加"一键电影专业调色"特效，并将其"程度"设为 50。

（4）在"已添加片段"列表中选中"故宫 2"片段，在"转场特效"面板中为其添加"透明式淡入淡出"转场特效。

（5）将"背景音乐.mp3"音频素材作为背景音乐导入，并将其结束时间设为整个视频结束时间。

（6）最后保存工程文件，并输出 mp4 格式的视频。

最终效果可参考"项目六"/"任务四"文件夹中的"故宫园景.mp4"。

自我评价

表 6-5 为本任务的完成情况评价表，请根据实际情况填写。

表 6-5　任务四完成情况评价表

任务要求	能	能，但不熟练	还不能
（1）能否表述视频文件的常用编码和格式	☐	☐	☐
（2）能否转换视频文件格式	☐	☐	☐
（3）能否理解视频分辨率和清晰度	☐	☐	☐
（4）能否剪辑视频，并为视频添加特效、背景音乐等	☐	☐	☐
（5）能否表述动画的基本概念及常用的动画制作软件	☐	☐	☐
对本任务的一些想法和感悟			

任务五　初识虚拟现实与增强现实技术

任务解读

虚拟现实（virtual reality，VR）与增强现实（augmented reality，AR）技术自问世以来，其理论概念逐渐成熟，目前已在娱乐、工业、医疗、教育等领域得到了广泛应用。

在本任务中，我们一起来了解 VR 和 AR 的相关知识，并通过 AR 试妆体验 AR 技术的应用。

体验探究——解锁购物黑科技"AR 试妆"

AR 试妆就是通过人脸识别技术和 AR 技术模拟真实的化妆过程。有了 AR 试妆技术，用户只需滑动手机屏幕选择不同的产品即可看到试妆效果。下面以京东"AR 试试"功能为例，体验 AR 技术的实际应用。

步骤 1▶ 在手机上下载并安装京东 App。打开该 App，进入首页后点击右下角的"我的"选项，切换到用户页面，如图 6-65 所示。

步骤 2▶ 点击右上角的"设置"按钮⚙️，进入账户设置页面，如图 6-66 所示。在账户设置列表中选择"功能实验室"选项，打开功能实验室页面，如图 6-67 所示。

步骤 3▶ 点击"AR 试试"，进入其主页，用户可根据需要选择不同类别的产品进行 AR 试妆，如图 6-68 所示。点击右上角的对比图标▣，还可以查看使用前后的效果对比，方便用户决策。

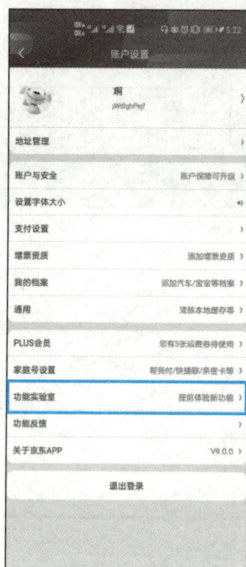

图 6-65　用户页面　　　图 6-66　账户设置页面　　　图 6-67　功能实验室页面　　　图 6-68　AR 试妆效果

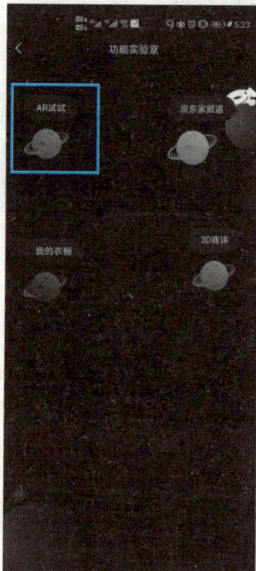

必备知识 🔍

一、虚拟现实技术

虚拟现实技术是一种可以创建和体验虚拟世界的计算机技术，它利用计算机生成一种模拟环境，是一种多源信息融合的、交互式的三维动态视景和实体行为的系统仿真，可借助传感头盔、数据手套等专业设备，让用户进入虚拟空间，实时感知和操作虚拟世界中的各种对象，从而通过视觉、触觉和听觉等获得身临其境的真实感受。例如，VR 游戏可以让用户完全沉浸在游戏中，如图 6-69 所示。

扫一扫
虚拟现实技术

图 6-69 VR 游戏

1. 虚拟现实技术的特征

虚拟现实技术具有多感知性、存在感、交互性和自主性 4 个重要特征。

（1）多感知性：理想的虚拟现实，应该具有人体所具有的一切感知功能。例如，视觉、听觉、触觉、力觉、运动等感知，甚至还包括嗅觉和味觉等感知。

（2）存在感：理想的模拟环境，应该达到让用户都难以分辨真假的程度。

（3）交互性：指用户与虚拟环境之间可以进行沟通和交流，并得到与真实环境一样的响应，即用户在真实世界中的任何动作，均可以在虚拟环境中完整地体现。例如，可以用手去直接抓取虚拟环境中的物体，这时不仅手有触摸感，同时还能感受到到物体的重量、温度等，而且被抓取的物体会随着手的移动而移动。

（4）自主性：用户在虚拟现实运行中处于主导地位。

2. 虚拟现实技术的设备

虚拟现实技术的设备包括建模设备、显示设备和交互设备。其中，建模设备主要有 3D 扫描仪；显示设备有普通显示器+3D 眼镜、头戴式 3D 显示器（又称 VR 头盔、VR 头显、VR 眼镜）（见图 6-70）、3D 投影仪等；交互设备有 3D 控制设备（如 3D 鼠标、键盘、手柄等）、数据手套（见图 6-70）、位置追踪设备、动作捕捉设备、力觉反馈设备、触觉反馈设备（见图 6-71）、数据衣、操纵杆等。

图 6-70 头戴式 3D 显示器和数据手套

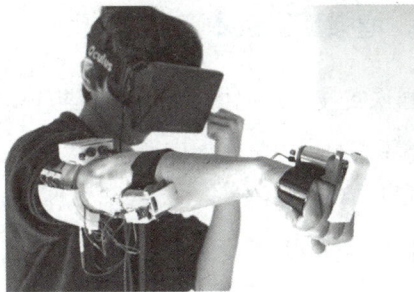

图 6-71 头戴式 3D 显示器和触觉反馈设备

3. 虚拟现实技术的应用

目前，虚拟现实技术主要应用于仿真演示、仿真实验、模拟训练、模拟演练、仿真设计、可视化管理、艺术与娱乐等方向，如教学仿真演示与实验（见图 6-72）、军事模拟训练与演习（见图 6-73）、消防模拟训练与演练、飞机和汽车等驾驶模拟训练（见图6-74）、航天模拟训练、外科手术模拟训练、建筑仿真设计与演示、产品仿真设计与演示（见图6-75）、交通路况与环境仿真演示、VR影视与游戏、科学研究和工程管理可视化等。

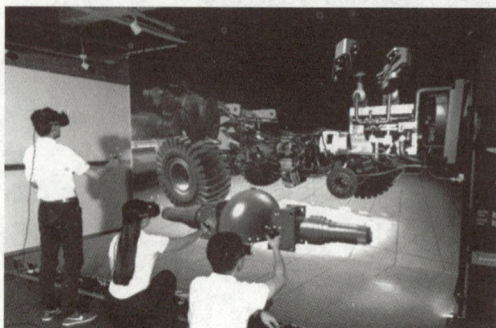

图6-72　VR教学仿真实验

图6-73　VR军事模拟训练

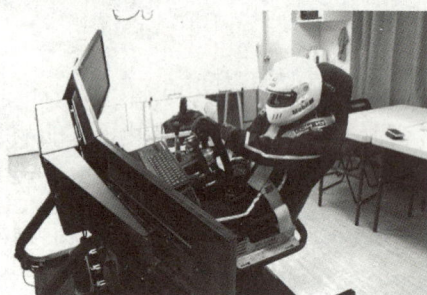

图6-74　VR驾驶模拟训练

图6-75　VR汽车产品演示

　　例如，在汽车专业教学领域，当学生学习发动机的组成、结构和工作原理时，传统教学方法是利用图示或放录像的方式向学生展示相关知识，无法使学生直观地理解和运用；而利用虚拟现实技术不仅可以用三维方式直观地向学生展示发动机的复杂结构、工作原理及工作时各个零件的运行状态，而且可以让学生在虚拟环境中进行拆装和维修发动机等实验，从而使教学和实验效果事半功倍。目前，许多学校都建立了虚拟仿真实验室。

二、增强现实技术

　　增强现实技术是把真实环境和虚拟环境结合起来的一种技术。与VR不同的是，AR是在现实的环境中叠加虚拟内容，实现了虚实结合。此外，AR在用户端无须头戴式3D显示器、3D鼠标、数据手套等交互设备，只需要一个智能手机、平板电脑或AR眼镜即可（利用AR眼镜可同时看到现实环境和虚拟内容）。

扫一扫

增强现实技术

　　AR的虚拟内容可以是简单的数字或文字信息，也可以是三维图像等，用户可以对虚拟内容进行移动、旋转、缩放等操作。图6-76为一本AR儿童书的应用效果，用户只需打开手机摄像功能（一些AR应用需要利用相关App实现），然后将摄像头对准图书中的卡通动物，即可在手机屏幕上呈现卡通动物的三维影像，用户可以直接用手与该影像互动，或者利用触摸屏移动、旋转、缩放影像。

　　目前，AR主要应用于零售、教育、医疗、娱乐和游戏、广告、军事等领域。例如，在零售领域，

可以利用 AR 进行试装（见图 6-77）、试妆（见图 6-78），让消费者得到更好的购物体验；在教育和培训领域，可以利用 AR 生动地演示相关知识和应用；在医疗领域做微创手术时，可以利用 AR 实时观察手术部位，相当于增强了外科医生的视力。

图 6-76　AR 儿童书　　　　　　　图 6-77　AR 线下试装　　　　　图 6-78　AR 线上试妆

课堂互动

列举自己接触过的 VR 和 AR 设备并说明其用途。

实践探索——体验 VR 和 AR

（1）在某一购物网站搜索 VR 设备，查看目前常用的 VR 设备及其相关介绍，了解这些设备的用途。

（2）在手机上下载一个 VR 视频客户端，如橙子 VR、百度 VR 等，然后用 VR 眼镜观看 VR 视频，并说明其与普通视频的区别。

（3）体验一下 AR 线上试妆。

自我评价

表 6-6 为本任务的完成情况评价表，请根据实际情况填写。

表 6-6　任务五完成情况评价表

任务要求	能	能，但不熟练	还不能
（1）能否表述虚拟现实与增强现实技术	☐	☐	☐
（2）能否表述虚拟现实技术的常用设备及其用途	☐	☐	☐
（3）能否表述虚拟现实技术的主要应用领域	☐	☐	☐
（4）能否表述增强现实技术的主要应用领域	☐	☐	☐
对本任务的一些想法和感悟			

项目总结

数字媒体在计算机信息领域中泛指一切信息载体，如文字、图形、图像、音频、视频和动画等。数字媒体技术是指利用计算机对以上媒体进行采集、编辑、存储等综合处理的技术，它具有集成性、多样性、实时性和交互性等特点。

在制作多媒体作品时，经常用到文本、图像、音频和视频等素材。对于文本素材，可以从网络获取或手动输入；对于图像素材，可以通过网上下载、利用手机或相机拍摄、捕捉屏幕图像、利用扫描仪扫描等方法获取；对于音频素材，可以通过网上下载、录制声音、从视频中提取音频等方法获取；对于视频素材，可以通过网上下载、录制、截取视频片段等方法获取。

常见的图像文件格式有 PSD、BMP、JPEG、GIF、PNG 和 TIFF 等。使用图像处理软件，可以对图像进行添加特效、裁剪图像、转换图像格式等操作。

常见的音频文件格式有 WAV、MP3、WMA、OGG 和 APE 等。使用音频处理软件可以录制音频，还可以对音频进行降噪、混缩、剪辑和添加音效等操作。

常见的视频文件格式有 AVI、MOV、MP4、3GP、RM/RMVB、VOB 和 FLV 等。使用视频格式转换软件可以转换视频格式；使用视频编辑软件，可以根据需要对视频进行剪辑，还可以为视频添加特效、转场、字幕和水印等效果。

虽然 VR 和 AR 技术还不成熟，但它们正在逐渐改变我们的生活。可以预见，随着技术的成熟并给予开发者更多时间，日后的 VR 和 AR 应用必将产生更多新创意，而且更具实用价值。

项目七 信息安全基础

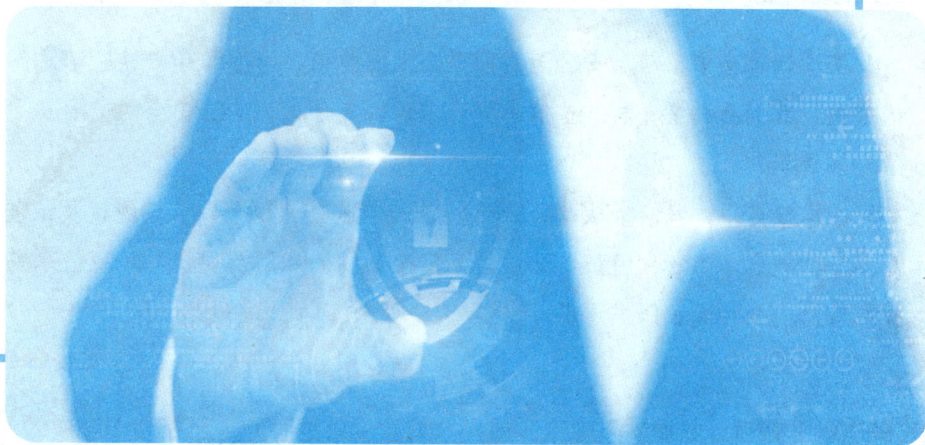

项目导读

1994 年 4 月 20 日，中国正式接入国际互联网。短短二十余年间，互联网已渗透到我国的各个领域，成为推动我国现代化建设的重要力量。然而，人们在享受着互联网便捷服务的同时，也饱受信息安全问题的困扰，如信息泄露、网络诈骗、营销轰炸、垃圾邮件等。

信息安全问题是互联网的"顽疾"。信息安全不仅意味着个人的隐私安全，更意味着经济、社会、国防等国家层面的安全。因此，面对这一"顽疾"，政府和公民必须齐心协力，从观念、意识、法律、制度、标准、技术等多方面入手，"切要害""开处方""下猛药"，共同解决信息安全问题。

学习目标

- 理解信息安全的概念、目标和特征。
- 了解信息安全面临的威胁和现状。
- 了解信息安全相关法律法规。
- 了解网络安全等级保护制度。
- 了解常见恶意攻击的形式及特点。
- 了解信息系统安全防范常用技术。

任务一　了解信息安全常识

任务解读

在现代社会中，信息安全与我们每个人的隐私、财产和身心健康都息息相关。作为新时代的公民，我们有必要了解一些信息安全常识，充分认识信息安全的重要意义，以提高自身的信息安全意识。

在本任务中，我们将从调研 App 违法违规收集使用个人信息现状及治理情况开始，了解信息安全的概念、目标和特征，了解信息安全面临的威胁及现状，了解信息安全相关法律法规，提高信息安全和隐私保护意识。

体验探究——调研 App 违法违规收集使用个人信息现状及治理情况

如今，智能手机已经成为人们生活中不可缺少的一部分。通过智能手机，用户只需安装各种 App（见图 7-1），即可获取相应的网络服务。但是，用户在享受移动互联网快速发展带来的各种利好时，App 强制授权、过度索权、超范围收集个人信息的现象大量存在，违法违规使用个人信息的问题十分突出。例如，某 App 要使用的权限竟高达 47 项之多，如图 7-2 所示。

图 7-1　各种 App

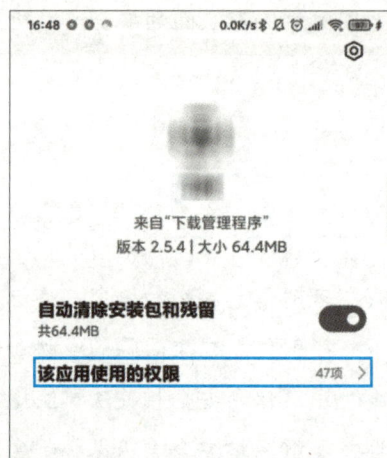

图 7-2　某 App 使用的权限

通常情况下，App 申请超范围权限的主要目的是收集用户的个人信息。这些个人信息可用于分析用户偏好，预测用户行为，从而便于 App 运营者精准投放广告、推送个性化内容。例如，某摄影 App

除必要的摄像头和存储权限外，还超范围索取了通知推送和位置授权，以便利用这些权限向用户推送符合当地特色或个性化的广告。

除用户自愿授权外，相当一部分超范围权限是 App 运营者以收回软件使用权、权限捆绑等手段变相强迫用户授权获取的，有些甚至是在用户不知情的情况下获取的。App 违法违规收集使用个人信息的行为不禁令人担忧：一旦个人信息遭到泄露，用户的信息安全必将受到严重威胁。就目前的情形来看，这种担忧恐怕已成现实。

2018 年 8 月 29 日，中国消费者协会发布了《App 个人信息泄露情况调查报告》（以下简称《报告》）。《报告》显示，我国个人信息泄露总体情况比较严重：在共计 5 458 份有效问卷中，遇到过个人信息泄露情况的人数占比为 85.2%，没有遇到过个人信息泄露情况的人数占比为 14.8%。在个人信息泄露后，约 86.5% 的受访者曾遭遇推销电话或短信的骚扰，约 75.0% 的受访者曾接到诈骗电话，约 63.4% 的受访者曾收到垃圾邮件，排名位居前三位。此外，部分受访者曾收到违法信息（如非法链接等），更有甚者出现了个人账户密码被盗的问题。《报告》还披露，App 运营者未经授权收集个人信息（见图 7-3）和故意泄露信息是个人信息泄露的主要途径。

《报告》一经发布，引起了社会各界的广泛关注。2019 年 1 月 25 日，中央网信办会同工业和信息化部、公安部、市场监管总局联合发布了《关于开展 App 违法违规收集使用个人信息专项治理的公告》，宣布正式开展 App 违法违规收集使用个人信息行为的专项治理工作，如图 7-4 所示。

图 7-3　App 运营者未经授权收集个人信息　　　　图 7-4　开展 App 专项治理工作

自全国范围内开展工作以来，App 违法违规收集使用个人信息专项治理成效显著：开设了"App 个人信息举报"公众号以受理公众的举报信息，截至 2019 年 12 月，共受理了 1.2 万余条网民有效举报信息，核验了 2 300 余款问题 App；组织了 14 家专业评估机构对 1 000 余款常用重点 App 进行了深度评估，对于违法违规收集使用用户信息并出现问题的，责令 App 运营者限期整改，逾期不改的公开曝光，情节严重的，依法暂停相关业务、停业整顿、吊销相关业务许可证或者吊销营业执照。此外，公安机关还开展了一系列网络侵犯公民个人信息违法犯罪行为专项打击整治工作，对针对和利用个人信息的违法犯罪行为依法进行了严厉打击。

App 专项治理工作

课堂互动

请同学们以小组为单位，讨论下列问题：

（1）你一般使用哪些 App？从什么途径获取呢？

（2）在初次打开 App 时，你会阅读 App 的服务协议和隐私政策吗？为什么？

（3）你身边有人经历过信息泄露事件吗？信息泄露后，是否接到过骚扰或诈骗电话、垃圾短信、电子邮件？

（4）在使用 App 时，如何保护个人信息安全？

必备知识

一、信息安全基础知识

1. 信息安全的概念

在当代社会中，信息是一种重要的资产，同其他商业资产一样具有价值，同样需要受到保护。信息安全是指从技术和管理的角度采取措施，防止信息资产因恶意或偶然的原因在非授权的情况下泄露、更改、破坏或遭到非法的系统辨识、控制。

总的来说，信息安全是一门涉及计算机科学、网络技术、通信技术、计算机病毒学、密码学、应用数学、数论、信息论、法律学、犯罪学、心理学、经济学、审计学等多门学科的综合性学科。

2. 信息安全的目标

信息安全的目标是保护和维持信息的三大基本安全属性，即保密性（confidentiality）、完整性（integrity）、可用性（availability），这三者也常合称为信息的 CIA 属性。

（1）**保密性**是指使信息不泄露给未授权的个人、实体、进程，或不被其利用。

（2）**完整性**是指信息没有遭受未授权的更改或破坏。

（3）**可用性**是指已授权实体一旦需要即可访问和使用信息。

知识链接

此外，信息安全的目标有时还包括保护和维持信息的真实性、可核查性、不可否认性和可靠性等。

（1）真实性是指确保信息内容与所声称的保持一致。

（2）可核查性是指可根据信息的某些属性确定其真实性。

（3）不可否认性是指信息交换的双方不能否认其在交换过程中发送或接收信息的行为及信息的内容。

（4）可靠性是指信息的预期与结果保持一致。

3. 信息安全的特征

信息安全具有系统性、动态性、无边界性和非传统性 4 项特征。

（1）**系统性**。信息由信息系统进行管理，而信息系统是一个由硬件、软件、通信网络、数据和人员组成的复杂系统，这意味着，信息安全问题并不是单纯的技术或管理问题，而是一个覆盖面很广的系统工程，在制定信息安全策略时，绝不能以孤立的、单维度的眼光看待信息安全问题，而应当系统地从技术、管理、制度、标准等各层面综合考虑。

（2）**动态性**。首先，一个信息系统从规划实施到运营维护，再到终止运行，各个阶段均可能存在安全威胁。其次，信息系统所面临的风险是动态变化的，新的漏洞和攻击手段都会对系统的安全状况产生影响。此外，云计算、物联网、大数据和移动互联网等新技术在带给人们便利的同时，也产生了各种新的威胁和安全风险。因此，在制定信息安全策略时，绝不能以固化的、一成不变的眼光看待信息安全问题，更不能妄图通过一劳永逸的方法解决信息安全问题，而应当具体问题具体分析，根据各类威胁和安全风险的特点制订有针对性的解决方案，并在实施和维护的过程中对方案进行改进和调整，尽可能地保障信息安全。

（3）**无边界性**。互联网将世界各地的信息系统地连接在一起，由于互联网具有传输速度快、传播范围广、隐蔽性强等特点，各信息系统之间得以实现超越地域限制的快速通信。然而，互联网也同样使信息系统面临着超越地域限制的威胁，因此，信息安全具有无边界性，它绝不仅仅是某个组织、某个国家需要解决的问题，而是一个全球性的问题。

（4）**非传统性**。信息安全的非传统性主要表现在以下两个方面：一方面，与国防安全、金融安全、生命财产安全等传统安全相比，信息安全比较抽象；另一方面，信息安全不仅仅意味着某个领域的安全，更是现代社会中保障其他一切传统安全的基础。例如，某个国家并没有受到武力攻击，领土和主权也没有遭到侵犯，金融系统正常运转，也没有流行性疾病等问题，但当其信息安全得不到保障时，则这个国家的其他安全均面临着威胁。

二、信息安全面临的威胁

信息安全面临的威胁是动态变化的，因此要列举信息安全面临的全部威胁是不可能的。下面列举一些较具代表性的威胁。

1. 自然灾害

信息大多存储在硬件设备中，因此会对硬件设备造成破坏的因素也是信息安全面临的威胁。例如，水灾、火灾、雷电、地震、龙卷风等自然灾害会引起数据丢失、设备失效、线路中断等安全事件的发生，静电、灰尘、温度、湿度、虫蚁鼠害等环境因素也会导致硬件设备出现故障甚至瘫痪，这些非人为的不可抗力都是信息安全面临的威胁。

2. 人为失误

人员是信息系统中最活跃、最不稳定的因素，人为失误常常导致信息安全面临威胁。人员缺乏安全意识是造成人为失误的重要原因。例如，某用户随意将自己的账号和密码泄露给他人，或者操作时不小心点击了携带病毒的链接或程序，在输入登录密码时被黑客窃取等。个人操作不当所引发的软硬件问题也会对信息安全产生威胁。例如，信息系统的管理员误删了重要文件，随意修改影响系统运行的参数，或者没有按照规定要求正确维护信息系统，频繁开关信息系统的相关设备，以及不正确使用设备导致其被毁坏等。

3. 系统漏洞

系统漏洞简称漏洞，它是指信息系统中的软件、硬件或通信协议中存在缺陷或不适当的配置，导致黑客利用这些漏洞潜入信息系统窃取数据、控制系统或破坏服务，使得服务和数据的安全性受到重大威胁。自计算机发明之初，系统漏洞就是十分棘手的问题，也是黑客攻破系统的惯用手段，且在计算机网络，尤其是 Internet 诞生后，黑客可利用 Internet 远程攻击系统漏洞，这使得系统漏洞成为信息系统面临的严重威胁。

知识链接

> 黑客（hacker）泛指精通计算机技术的高手，他们能够通过专门的技术手段侵入信息系统。黑客可分为两类：一类黑客侵入信息系统是为了破坏或盗窃信息；另一类黑客侵入信息系统则是为了检测信息系统可能存在的潜在威胁，这类黑客不会进行任何破坏活动，而是将系统漏洞告知管理人员，帮助其修复漏洞，以建设更加安全的信息系统。

4. 恶意程序

恶意程序也称恶意代码，是指在信息系统中擅自安装、执行以达到不正当目的的程序。根据功能的不同，恶意程序可大致分为特洛伊木马、僵尸程序、蠕虫、病毒等。

（1）**特洛伊木马**简称木马，是指以盗取用户个人信息，甚至是远程控制用户计算机为目的的恶意程序。根据功能的不同，木马可进一步分为盗号木马、网银木马、窃密木马、远程控制木马、流量劫持木马、下载者木马和其他木马 7 类。

（2）**僵尸程序**是用于构建大规模攻击平台的恶意程序。根据使用的通信协议不同，僵尸程序可进一步分为因特网中继聊天（Internet relay chat，IRC）僵尸程序、HTTP 僵尸程序、点对点（peer-to-peer，P2P）僵尸程序和其他僵尸程序 4 类。

（3）**蠕虫**是指能自我复制和广泛传播，以占用系统和网络资源为主要目的的恶意程序。根据传播途径的不同，蠕虫可进一步分为电子邮件蠕虫、即时消息蠕虫、U 盘蠕虫、漏洞利用蠕虫和其他蠕虫 5 类。

（4）**病毒**即计算机病毒，是指通过感染计算机文件进行传播，以破坏或篡改用户数据，影响信息系统正常运行为主要目的的恶意程序。

知识链接

> 2017 年，一种名为"WannaCry"的勒索病毒（见图 7-5）利用 Windows 操作系统的 445 端口漏洞，短时间内攻击并感染了 100 多个国家的超过 10 万台计算机，造成了一场全球性的互联网灾难。据统计，事故共造成至少 150 个国家、30 万名用户的计算机感染病毒，造成经济损失达 80 亿美元，并严重影响到金融、能源、教育和医疗等众多行业。

图 7-5　WannaCry 病毒

随着云计算、大数据、物联网、人工智能等新技术的普及与应用，信息系统正变得越来越复杂，信息安全面临的威胁也愈加多样。为此，我国政府部门、相关企业紧跟时代步伐，面对新问题、新挑战，及时制定了一系列具有针对性的解决方案、相关标准和法律法规等，感兴趣的同学可以查阅相关资料进行了解。

三、信息安全现状

我国在信息安全领域始终保持着高警惕性，经过不懈努力，我国在信息安全的各方面均取得了一定进展。2020 年 8 月 11 日，国家计算机网络应急技术处理协调中心（CNCERT/CC）发布了《2019 年中国互联网网络安全报告》（以下简称《报告》）。在《报告》中，CNCERT/CC 将互联网背景下我国的信息安全现状概述为以下 7 点。

扫一扫
2019 年网络安全报告

（1）党政机关、关键信息基础设施等重要单位的信息系统防护能力显著增强，但 DDoS 攻击呈现高发频发态势，攻击的组织性和目的性更加凸显。

知识链接

分布式拒绝服务（Distributed Denial of Service，DDoS）攻击是指黑客利用僵尸程序感染大量计算机，制造分布式的计算机集群（俗称"僵尸网络"），并通过一对多的命令和控制信道来操纵僵尸网络，使其在短时间内产生极大的通信量或连接请求，造成某网站服务器处于满负荷、全占用的状态。在这种情况下，其他所有合法请求服务的用户将无法收到服务器的响应，仿佛服务器拒绝为用户提供服务一般。

（2）APT 攻击监测与应急处置力度加大，钓鱼邮件防范意识继续提升，但 APT 攻击逐步向各重要行业领域渗透，在重大活动和敏感时期更加猖獗。

知识链接

高级持续性威胁（Advanced Persistent Threat，APT）攻击是一种网络攻击的方法，它是指攻击者利用木马侵入目标信息系统的 IT 基础架构，并从其中走私数据和知识产权。

钓鱼邮件即网络钓鱼，又称钓鱼法或钓鱼式攻击，它是指黑客发送大量欺骗性垃圾邮件，通过引诱或恐吓等方式，获取收件人的敏感信息（如身份证号、账号、支付密码等）。

（3）重大安全漏洞应对能力不断强化，但事件型漏洞和高危零日漏洞数量上升，信息系统面临的漏洞威胁形势更加严峻。

知识链接

事件型漏洞一般是指对一个具体应用构成安全威胁的漏洞。

高危零日漏洞是指被国家信息安全漏洞共享平台（CNVD）收录时还未公布补丁的漏洞。

（4）数据风险监测与预警防护能力提升，但网民的数据安全防护意识依然薄弱，大规模数据泄露事件频发。

（5）恶意程序增量首次下降，但"灰色"应用程序大量出现，针对重要行业安全威胁更加明显。

（6）黑产资源得到有效清理，但恶意注册、网络赌博、勒索病毒、挖矿病毒等依然活跃，高强度技术对抗更加激烈。

（7）工业控制系统网络安全在国家层面顶层设计进一步完善，但工业控制系统产品安全问题依然突出，新技术应用带来的新型安全隐患更加严峻。

四、信息安全相关法律法规

作为互联网的发源地，美国最早开始信息安全法律体系的建设工作。1946 年通过的《原子能法》和 1947 年通过的《国家安全法》可看作是美国信息安全法律体系建设起步的标志。之后，随着信息技术的快速发展，美国根据实际需要对现有法律进行了修订和增补，并颁布了一系列新的法律法规（如 1966 年通过的《信息自由法》和 1987 年通过的《计算机安全法》等），不断完善其信息安全法律体系。

20 世纪 90 年代以来，针对计算机网络与利用计算机网络从事刑事犯罪的案件越来越多，许多国家开始注重用刑事手段打击网络犯罪，这方面的国际合作也迅速发展起来。

2001 年 11 月，欧盟、美国、加拿大、日本和南非等 30 多个国家和地区共同签署了国际上第一个针对计算机系统、网络或数据犯罪的多边协定——《网络犯罪公约》。该公约涉及以下内容：明确了网络犯罪的种类和内容，要求其成员国采取立法和其他必要措施，将这些行为在国内法予以确认；要求各成员国建立相应的执法机关和程序，并对具体的侦查措施和管辖权做出了规定；加强成员国间的国际合作，对计算机和数据犯罪展开调查（包括搜集电子证据）或采取联合行动，对犯罪分子进行引渡；对个人数据和隐私进行保护等。

我国历来重视信息安全法律法规的建设，经过多年的探索和实践，我国已经制定和颁布了多项涉及信息系统安全、信息内容安全、信息产品安全、网络犯罪、密码管理等方面的法律法规，构建了较为完善的信息安全法律法规框架，如图 7-6 所示。

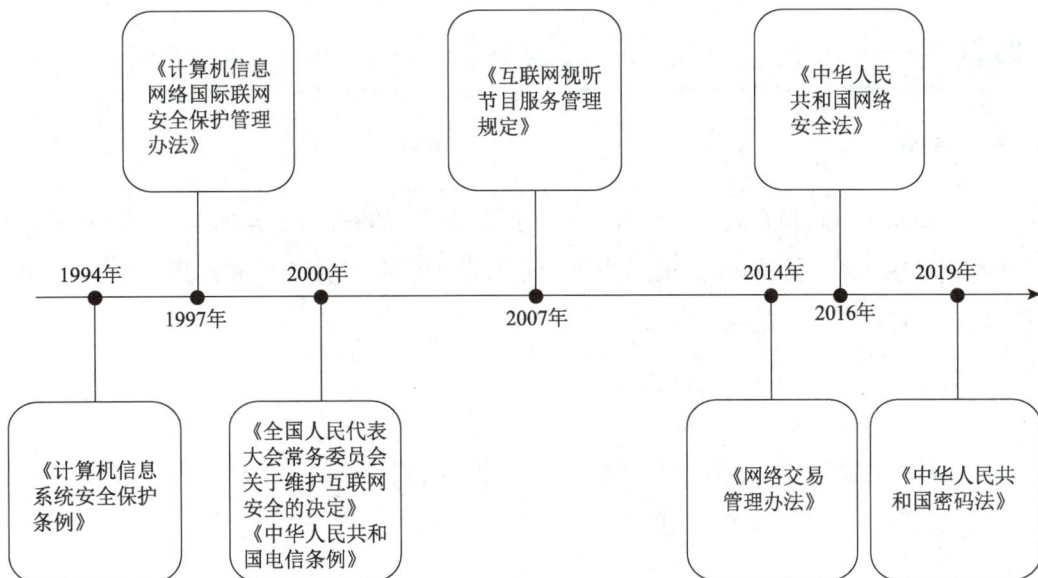

图 7-6　我国信息安全法律法规框架

1994 年 2 月 18 日，国务院发布了《计算机信息系统安全保护条例》，在其中首次使用了"信息系统安全"的表述，以该条例为起点，中国开始了信息安全领域的立法进程；1997 年 12 月 30 日，公安部发布了《计算机信息网络国际联网安全保护管理办法》；2000 年 9 月 25 日，国务院发布了《中华人民共和国电信条例》，同年，第九届全国人大常委会第十九次会议通过了《全国人民代表大会常务委员会关于维护互联网安全的决定》，这是我国针对信息网络安全制定的第一部法律性决定，其中规定了若干应按照《中华人民共和国刑法》予以惩处的信息安全犯罪行为。

2007 年 12 月 29 日，为规范互联网视听节目服务秩序，促进其健康有序发展，国家广播电视总局、信息产业部（现工业和信息化部）联合发布了《互联网视听节目服务管理规定》；2014 年 1 月 26 日，国家工商行政管理总局（现国家市场监督管理总局）发布了《网络交易管理办法》，以规范网络商品交易及有关服务，保护消费者和经营者的合法权益。

2016 年 11 月 7 日，第十二届全国人大常委会第二十四次会议通过了《中华人民共和国网络安全法》。它是我国第一部网络安全领域的专门性综合立法，旨在保障网络安全，维护网络空间主权和国家安全、社会公共利益，保护公民、法人和其他组织的合法权益，促进经济社会信息化健康发展。

2019 年 10 月 26 日，第十三届全国人大常委会第十四次会议通过了《中华人民共和国密码法》。它是我国第一部密码领域的综合性、基础性法律，旨在规范密码应用和管理，促进密码事业发展，保障网络与信息安全，提升密码管理科学化、规范化、法治化水平。

课外拓展

除上述法律法规外，我国针对信息安全的法律法规还有很多，如在《中华人民共和国刑法修正案（七）》和《中华人民共和国刑法修正案（九）》中就增加了对信息安全领域的相关法律条文，此外，还有 2013 年通过的《电信和互联网用户个人信息保护规定》，2018 年通过的《电子商务法》等。感兴趣的同学可以查阅相关资料进行更深入的了解。

实践探索——分析计算机软件侵权案例

一、基本案情

被告人陈某某从腾讯科技有限公司的网站下载了不同版本的腾讯 QQ 软件后，未经腾讯公司许可，在软件中加入珊瑚虫插件，并重新制作成安装包，命名为"珊瑚虫 QQ"后放到珊瑚虫工作室网站上供用户下载，以收取广告费的形式谋取非法利益。

二、法院判决

被告行为已构成对腾讯 QQ 软件的复制发行，并据此获利人民币 1 172 822 元，违法所得数额巨大，其行为已构成侵犯著作权罪，依法应予惩处。

三、案例分析

《中华人民共和国刑法》第二百一十七条规定，侵犯著作权罪的主客观构成要件包括以营利为目的，未经著作权人许可，复制发行其计算机软件等作品，违法所得数额较大或者有其他严重情节。刑法之所以规定侵犯软件著作权罪的最根本原因是，一旦侵权人的行为达到刑法规定的标准时，其社会危害性是无法通过民事责任就能达到维持社会秩序的目的的。

鉴于侵犯知识产权犯罪案件（包括侵犯商标、专利、商业秘密、著作权等）的复杂性，刑法对该类案件规定了多种情节以判定其社会危害性的大小，如非法经营数额、销售金额、侵权复制品数量、违法所得数额、损失数额等。而根据刑法的规定，认定计算机软件著作权的社会危害性是以违法所得数额、非法经营数额及侵权复制品数量来进行的，计算标准如下：

（1）违法所得，即实施违法行为的获利。它包括两个内容，其一是侵权人实施了违法行为，其二是侵权人因实施违法行为获得了利润。这个利润是去除其因实施违法行为而支出的成本费用的。

（2）非法经营数额，即侵权人通过销售侵权产品所取得的收入，即货款的大小。这个数额并没有去除成本。

（3）侵权产品的数量，即侵权人销售侵权产品数量的多少。当侵权产品是计算机软件时，可以计算软件被下载的次数作为销售的侵权产品数量。

自我评价

表 7-1 为本任务的完成情况评价表，请根据实际情况填写。

表 7-1 任务一完成情况评价表

任务要求	能	能，但不熟练	还不能
（1）能否了解 App 违法违规收集使用个人信息现状及治理情况	☐	☐	☐

任务要求	能	能，但不熟练	还不能
（2）能否表述信息安全的概念、目标和特征	☐	☐	☐
（3）能否列举信息安全面临的威胁	☐	☐	☐
（4）能否了解信息安全现状	☐	☐	☐
（5）能否了解信息安全相关法律法规，并具备信息安全和隐私保护意识	☐	☐	☐
对本任务的一些想法和感悟			

任务二　防范信息系统恶意攻击

任务解读

　　信息系统中往往存储着大量有价值的信息，因此它常常受到黑客或不法分子的恶意攻击。与针对实体资产的违法犯罪行为相比，信息安全犯罪代价较小，且具有更强的隐蔽性，故近年来信息安全犯罪现象越发猖獗。此外，信息安全犯罪往往会造成很强的破坏性，因此必须采取必要的防范措施，以遏制信息安全犯罪的增长势头，保障信息系统安全。

　　在本任务中，我们将从了解近年来的信息系统恶意攻击事件开始，了解网络安全等级保护制度，认识常见恶意攻击形式及特点，了解信息系统安全防范常用技术，为防范信息系统恶意攻击打下基础。

体验探究——了解近年来的信息系统恶意攻击事件

　　近年来，全球信息系统恶意攻击事件频发，从大型企业服务器遭受攻击到个人隐秘信息的泄露，公司财产流失及个人名誉扫地等情况无一不严重威胁各国经济社会的安全和稳定。随着全球信息产业的发展，信息安全的重要性与日俱增。

信息系统恶意攻击事件

1. 美国断网事件

2016 年 10 月 21 日，黑客通过恶意软件 Mirai 控制的僵尸网络对美国域名服务器管理服务提供商 Dyn 发起了数次 DDoS 攻击，导致架设在美国东海岸地区的许多服务器宕机，包括 Twitter、Spotify、Netflix、Github、Airbnb、Visa、CNN、华尔街日报等上百家知名网站都无法访问、登录。事后，美国政府调查得知，此次 DDoS 攻击的僵尸网络由世界各地数以百万计的网络摄像头和路由器组成。

2. Facebook 泄密事件

2018 年 3 月 17 日，媒体曝光美国知名社交软件 Facebook 上超 5 000 万用户信息在用户不知情的情况下，被政治数据公司"剑桥分析"获取并利用。"剑桥分析"公司通过向用户精准投放广告，影响用户的自主判断能力，从而帮助 2016 年特朗普团队竞选美国总统。2018 年 9 月 27 日，Facebook 宣称发现网站代码中有一个 View As 功能存在安全漏洞，利用该漏洞，黑客收集了 2 900 万个账户的个人信息。目前该漏洞已经被修复。

3. 委内瑞拉断电事件

2019 年 3 月 7 日，委内瑞拉国内最大的水电站遭受黑客的恶意攻击，包括首都加拉加斯在内的 23 个州中 22 个州都出现了断电现象。断电持续了整整 4 天，给整个国家造成了巨大的经济损失。

4. 我国公民征信信息泄露事件

2019 年 3 月 2 日，境外人员发布消息称，我国境内某公司一份名为"天眼黑名单"的数据泄露，其中包括我国 153 万余条贷款失信人的姓名、身份证号码、手机号、家庭地址、公司名称等信息。事后经过调查发现，此次数据泄露是由于该公司对其数据库配置不当导致。

> **课外拓展**
>
> 除上述法律法规外，近年来的信息系统恶意攻击事件还包括 2018 年韩国平昌冬奥会遭网络攻击、台积电遭病毒攻击致三大基地生产线停产、黑客攻击华住数据库致旗下酒店 5 亿条信息泄露等。感兴趣的同学可以查阅相关资料进行更深入的了解。

必备知识

一、网络安全等级保护制度

网络安全等级保护是指对网络实施分等级保护、分等级监管，对网络中使用的网络安全产品实行按等级管理，对网络中发生的安全事件分等级响应、处置。网络安全等级保护制度是我国保障网络安全的基本制度、基本国策和基本方法。

2016 年 11 月 7 日颁布的《中华人民共和国网络安全法》第二十五条规定，国家实行网络安全等级保护制度。此后，为贯彻落实《中华人民共和国网络安全法》，我国又陆续发布一系列制度、规定和国家标准等，如 2018 年公安部发布的《网络安全等级保护条例（征求意见稿）》，2019 年由全国信息安全标准化技术委员会起草的 GB/T 22239—2019《信息安全技术 网络安全等级保护基本要求》、

GB/T 25070—2019《信息安全技术　网络安全等级保护安全设计技术要求》、GB/T 25058—2019《信息安全技术　网络安全等级保护实施指南》和 GB/T 28448—2019《信息安全技术　网络安全等级保护测评要求》等国家标准。

知识链接

　　成立于 2002 年的全国信息安全标准化技术委员会（简称信息安全标委会）是一个致力于信息安全标准化工作的技术工作组织。委员会下设 8 个附属机构，除秘书处外，分别是信息安全标准体系与协调工作组、密码技术标准工作组、鉴别与授权标准工作组、信息安全评估标准工作组、通信安全标准工作组、信息安全管理标准工作组和大数据安全特别工作组。截至 2020 年 5 月 8 日，信息安全标委会共发布信息安全相关国家标准 313 项，为国家信息安全领域的标准化进程做出了巨大贡献。

　　在 2020 年 11 月 1 日起正式实行的国家标准 GB/T 22240—2020《信息安全技术　网络安全等级保护定级指南》中，根据等级保护对象在国家安全、经济建设、社会生活中的重要程度，以及一旦遭到破坏、丧失功能或者数据被篡改、泄露、丢失、损毁后，对国家安全、社会秩序、公共利益及公民、法人和其他组织的合法权益的侵害程度等因素，将等级保护对象的安全保护等级由低到高分为以下五级。

　　（1）第一级：等级保护对象受到破坏后，会对相关公民、法人和其他组织的合法权益造成损害，但不危害国家安全、社会秩序和公共利益。

　　（2）第二级：等级保护对象受到破坏后，会对相关公民、法人和其他组织的合法权益造成严重损害或特别严重损害，或者对社会秩序和公共利益造成危害，但不危害国家安全。

　　（3）第三级：等级保护对象受到破坏后，会对社会秩序和公共利益造成严重危害，或者对国家安全造成危害。

　　（4）第四级：等级保护对象受到破坏后，会对社会秩序和公共利益造成特别严重危害，或者对国家安全造成严重危害。

　　（5）第五级：等级保护对象受到破坏后，会对国家安全造成特别严重危害。

知识链接

　　等级保护对象是指网络安全等级保护工作中的对象，主要包括基础信息网络、云计算平台/系统、大数据应用/平台/资源、物联网、工业控制系统和采用移动互联技术的系统等。

　　一般来说，网络安全等级保护的主要环节包括确定等级保护对象、初步确定等级、专家评审、主管部门审核、最终确定等级。

二、常见恶意攻击形式及特点

　　信息系统经常会遭受黑客的恶意攻击。常见的恶意攻击形式包括网络监听、伪装成合法用户和利用计算机病毒攻击等。

　　（1）网络监听是指黑客利用连接信息系统的通信网络的漏洞，将用于窃听的恶意代码植入到信息系统中窃听数据，并通过信号处理和协议分析，从中获得有价值的信息。这种恶意攻击形式具有隐蔽性高、针对性强等特点，一般用于窃取用户的密码等具有较高价值的信息数据。

（2）伪装成合法用户是指黑客通过嗅探、口令猜测、撞库、诈骗等手段非法获取用户名和密码，并以合法用户的身份进入信息系统，窃取需要的信息。这种恶意攻击形式具有难以辨别、难以追踪等特点，一些安全意识较薄弱的用户遭受此类恶意攻击的可能性较大。

知识链接

① 嗅探是指黑客利用嗅探器软件监听或截取网络中的数据包，并对其进行分析后获取其中信息。

② 口令猜测是指黑客利用计算机对所有密码进行穷举、联想等猜测试验，直到找到正确的密码。

③ 撞库是指黑客在互联网中收集已泄露的用户名和密码信息，并使用此用户名和密码信息尝试登录其他网站的行为。为了避免记忆多个用户名和密码的麻烦，一些网民常常会使用同一套用户名和密码登录多个网站，这无疑为黑客的撞库攻击提供了可乘之机。

④ 诈骗是指黑客仿照某些权威机构（如银行、公安机关等）官方网站制作假冒网站，诱使用户进入网站后使用用户名和密码登录，从而窃取用户名和密码。

（3）利用计算机病毒攻击是指黑客找到系统漏洞后，利用病毒进行恶意攻击，使信息系统中的设备出现中毒症状，在干扰其正常工作的同时窃取机密信息。这种恶意攻击形式具有主动攻击、破坏性强、影响范围广等特点，是信息系统安全防范的重点对象。

三、信息系统安全防范常用技术

信息系统安全防范的常用技术包括密码技术、防火墙技术、虚拟专用网技术、反病毒技术、审计技术和入侵检测技术等。

信息系统安全防范技术

（1）密码技术。密码技术是信息系统安全防范与数据保密的核心。通过密码技术，可以将机密、敏感的信息变换成难以读懂的乱码型文字，以此达到两个目的：其一，使不知道如何解密的人无法读懂密文中的信息；其二，使他人无法伪造或篡改密文信息。

（2）防火墙技术。防火墙技术是一种访问控制技术，它可以严格控制局域网边界的数据传输，禁止任何不必要的通信，从而减少潜在入侵的发生，尽可能地降低网络的安全风险。防火墙分为硬件防火墙和软件防火墙两种。其中，硬件防火墙（见图7-7）可看作是一种经过特殊编程的路由器，可以为整个网络部署安全策略，安全性较高，但价格较贵；软件防火墙是指通过软件方式实现防火墙功能的程序，一般安装在主机的操作系统上。软件防火墙只针对个人的客户机制定安全策略，安全性远不如硬件防火墙，但成本较低。

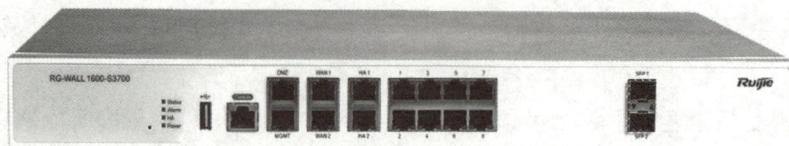

图 7-7　硬件防火墙

（3）虚拟专用网技术。虚拟专用网（Virtual Private Network，VPN）技术是一种利用公用网络来构建私有专用网络的技术。VPN 采用多种安全机制，如隧道技术、加解密技术、密钥管理技术、身份认证技术等，确保信息在公用网络中传输时不被窃取，或者即使被窃取了，对方亦无法正确地读取信息，因此，VPN 具有极强的安全性。

（4）反病毒技术。由于计算机病毒具有较大的危害性，给网络用户带来极大的麻烦，因此，很多机构和计算机安全专家对计算机病毒进行了广泛的研究，从而开发了一系列查、杀、防病毒的工具软件和硬件设备，建立了较为成熟的反病毒机制，使计算机用户面对病毒时不再束手无策。

（5）审计技术。审计技术通过事后追查的手段来保证信息系统的安全。审计会对涉及信息安全的操作进行完整的记录，当有违反信息系统安全策略的事件发生时，能够有效地追查事件发生的地点及过程。审计是操作系统一个独立的过程，它保留的记录包括事件发生的时间、产生这一事件的用户、操作的对象、事件的类型及该事件成功与否等。

（6）入侵检测技术。入侵检测技术能够对用户的非法操作或误操作进行实时监控，并且将该事件报告给管理员。入侵检测有基于主机和分布式两种方式，通常它是与信息系统的审计功能结合使用的，能够监视信息系统中的多种事件，包括对系统资源的访问、登录、修改用户特权文件、改变超级用户或其他用户的口令等操作。

实践探索——启用 Windows Defender 防火墙

Windows 10 操作系统中自带了软件防火墙——Windows Defender 防火墙，如图 7-8 所示。打开Windows Defender 防火墙的步骤如下：

（1）打开计算机的"控制面板"窗口，单击"系统和安全"图标，打开"系统和安全"界面。

（2）单击"Windows Defender 防火墙"链接文字，打开"Windows Defender 防火墙"界面。

（3）单击左侧的"启用或关闭 Windows Defender 防火墙"链接文字，打开"自定义设置"界面。

（4）在"专用网络设置"和"公用网络设置"组中分别选中"启用 Windows 防火墙"单选钮，然后单击"确定"按钮即可。

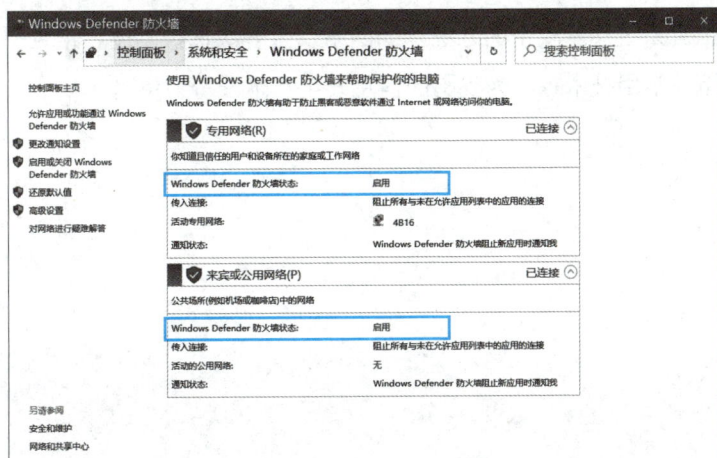

图 7-8　打开 Windows Defender 防火墙

自我评价

表 7-2 为本任务的完成情况评价表，请根据实际情况填写。

表 7-2　任务二完成情况评价表

任务要求	能	能，但不熟练	还不能
（1）能否了解网络安全等级保护制度	☐	☐	☐
（2）能否列举常见恶意攻击形式及特点	☐	☐	☐
（3）能否认识信息系统安全防范常用技术	☐	☐	☐
（4）能否掌握启用 Windows Defender 防火墙的方法	☐	☐	☐
对本任务的一些想法和感悟			

项目总结

信息化是当今世界发展的大趋势，也是推动经济社会发展和变革的重要力量。随着我国信息化的不断推进，国民经济和社会发展对网络和信息系统的依赖性越来越强。近年来，国内外发生的一系列信息安全事件表明，在信息安全面前，任何个人、组织或国家都无法独善其身。作为信息时代的公民和祖国未来的建设者，我们应该掌握信息安全领域的基本常识，如信息安全的概念、目标和特征，信息安全面临的威胁，我国信息安全的现状及相关法律法规等，以提高自身的信息安全防范意识；此外，我们还应该初步掌握一些防范信息系统恶意攻击的方法，如网络安全等级保护制度、常见恶意攻击形式及特点，以及信息系统安全防范的常用技术等，为我国的信息安全贡献一份力量。

项目八　人工智能初步

项目导读

　　随着数字化的普及和计算能力的进一步提高，机器不仅能够按照指令完成特定的工作，还能够进行自主学习和设定整体目标，真正的人工智能时代已经来临。

　　所谓人工智能，是指让人所创造的机器或人工系统模拟人类智能，包括模拟人类计划、学习、语言、感知、情感、意念表述等方面的能力。人工智能概念于1956年首次被提出，在经历了60多年的发展后，人工智能进入爆发式增长期，已成为新一轮科技革命和产业变革的重要驱动力。与此同时，机器人的应用也越来越普及，成为推动行业智能化发展的关键力量。

学习目标

- ☁ 了解人工智能的概念和技术原理。
- ☁ 认识人工智能对人类社会发展的影响。
- ☁ 了解人工智能的发展现状和典型应用。
- ☁ 了解机器人技术的发展现状和应用领域。
- ☁ 体验人工智能和机器人技术的实际应用。

任务一　初识人工智能

任务解读

　　人工智能涉及很广，涵盖了感知、学习、推理和决策等方面的能力。从实际应用的角度讲，人工智能最核心的能力就是根据给定的输入做出判断或预测。例如，在人脸识别应用中，它可以根据输入的照片判断照片中的人是谁；在语音识别中，它可以根据人说话的音频信号判断说话的内容；在围棋对弈中，它可以根据当前的盘面形势预测选择某个落子的胜率等。

　　在本任务中，我们将了解人工智能的发展和应用，认识人工智能对人类社会发展的影响，体验人工智能的应用，并了解人工智能的基本原理。

体验探究　——体验人脸识别技术

　　人脸识别（又称人像识别或面部识别，俗称刷脸），是一种基于人的脸部特征信息进行身份认证的生物特征识别技术。目前，人脸识别已大规模应用到教育、交通、医疗、安防等行业领域，以及楼宇门禁、交通过检、公共区域监控、服务身份认证、个人终端设备解锁等特定场景。

> **小提示**
>
> 　　人脸识别是典型的计算机视觉应用，从应用过程来看，可将人脸识别技术分为检测定位、面部特征提取和人脸确认三个阶段。人脸识别技术的应用，主要受到光照、拍摄角度、图像遮挡、年龄等因素的影响。在约束条件下，人脸识别技术相对成熟；在自由条件下，人脸识别技术还在不断改进。

　　（1）刷脸门禁。门禁一直以来都是安防市场的关注热点，随着人脸识别技术的不断成熟，智能门禁正在逐步推广应用。由于人脸识别属于非接触性识别技术，操作上更加方便快捷。外置摄像头设备可以实时自动捕捉人脸图像，并通过识别比对，确认当前人脸对应的身份。只要用户在系统中登记过人脸信息，系统就会快速、准确地识别出用户身份，并及时开启门禁，如图8-1所示。

　　（2）刷脸支付。刷脸支付是指通过对人脸的扫描识别，确定支付人身份，从而划走其账户资金，完成支付，如图8-2所示。刷脸支付的发展和普及，对于提升用户移动支付体验、改善商户经营效率、带动经济社会智能化发展具有重要价值。

　　（3）刷脸解锁手机。如今，市面上的智能手机大都支持人脸识别解锁，在手机中开启该功能并采集面部特征后，当需要解锁手机屏幕时，只需面向前置摄像头即可，非常快捷，如图8-3所示。

　　（4）刷脸登录App。如今，手机里的应用程序大都支持多种登录验证方式，除支持账号密码登录、手机号登录和指纹登录外，有的还支持刷脸登录。例如，百度、淘宝、京东、支付宝等App就支持刷脸登录，如图 8-4 所示。

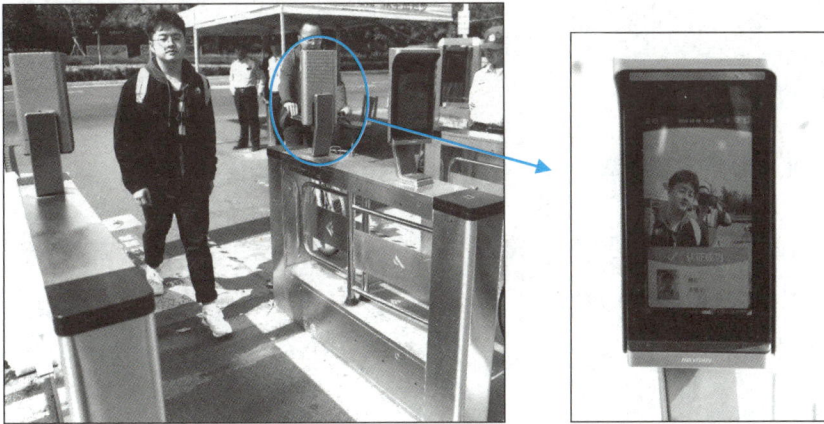

图 8-1　刷脸进入校园

图 8-2　刷脸支付

图 8-3　刷脸解锁手机

图 8-4　京东 App 刷脸登录功能

　　此外，人脸识别技术还常应用于刷脸签到、刷脸登机、刷脸寻人、刷脸取款和刷脸执法（如整治闯红灯现象、打击号贩子等）。需要注意的是，当前发展较好的计算机视觉、语音识别等应用，通常需要采集人脸、声纹等敏感的个人生物特征，而生物特征等个人敏感信息采集存在法律合规风险，因此监管部门正在研究、制定和完善相关技术要求及安全标准。

必备知识

一、人工智能的概念和发展

人工智能是一种引发诸多领域产生颠覆性变革的前沿技术，当今的人工智能技术以机器学习，特别是深度学习为核心，在视觉、语音、自然语言等应用领域迅速发展，已经开始像水、电、煤一样赋能于各个行业。

什么是人工智能

1. 人工智能的概念

人工智能（Artificial Intelligence，AI）是研究、开发用于模拟、延伸和扩展人的智能的理论、方法、技术及应用系统的一门技术科学，其目标是生产出能以人类智能相似的方式做出反应的智能机器。具体来说，人工智能就是让机器像人类一样具有感知能力、学习能力、思考能力、沟通能力、判断能力等，从而更好地为人类服务。

> **小提示**
>
> 人工智能作为一门前沿交叉学科，其定义一直存有不同的观点。中国电子技术标准化研究院编写的《人工智能标准化白皮书（2018版）》认为：人工智能是利用数字计算机或者数字计算机控制的机器模拟、延伸和扩展人的智能，感知环境、获取知识并使用知识获得最佳结果的理论、方法、技术及应用系统。

近些年，在移动互联网、大数据、云计算、物联网、脑科学等新理论、新技术，以及经济社会发展强烈需求的共同驱动下，人工智能的发展进入新阶段，人工智能已深深地融入我们的生活。无论是手机上的指纹识别、人脸识别、导航系统、美颜相机、新闻推荐、智能搜索、语音助手、翻译助手、垃圾邮件过滤等应用，还是智能门锁、智能台灯、智能音箱（见图8-5）、智能学习机器人（见图8-6）、自动驾驶汽车（见图8-7），这些都与人工智能密切相关。

图 8-5 智能音箱   图 8-6 智能学习机器人

图 8-7 自动驾驶汽车

自动驾驶汽车（也称无人驾驶汽车）是通过自动驾驶系统感知道路环境，自动规划行车路线并控制车辆到达预定目标的智能汽车。

自动驾驶系统由智能感知设备和智能控制系统两部分组成。其中，智能感知设备用来绘制车辆周边地图，检测行人、自行车等移动障碍，监控车辆行驶路线等；智能控制系统的作用是通过感知设备所获得的道路、车辆位置和障碍物信息来控制车辆的转向和速度，从而使车辆能够安全、可靠地在道路上行驶。

2. 人工智能的产生

早在二十世纪四五十年代，数学家和计算机工程师已经开始探讨用机器模拟智能的可能。1950 年，英国科学家艾伦·麦席森·图灵（Alan Mathison Turing）提出了测试机器智能的方法：在隔开的情况下，一位人类测试员通过文字向被测试者（一台机器和一个人）任意提问。经过 5 分钟问答后，如果人类测试员正确区分二者的概率低于 70%，那么这台机器就通过了测试，这就是著名的图灵测试。

虽然图灵测试的科学性受到过质疑，但它在过去数十年一直被广泛认为是测试机器智能的重要标准，对人工智能的发展产生了极为深远的影响。

1956 年，约翰·麦卡锡（John McCarthy）等人（见图 8-8）在美国的达特茅斯学院组织了一次研讨会。这次会议提出："学习和智能的每一个方面都能被精确地描述，使得人们可以制造一台机器来模拟它。"这次会议为这个致力于通过机器来模拟人类智能的新领域定下了名字"人工智能"，从而正式宣告了人工智能作为一门学科的诞生。

图 8-8　达特茅斯会议的参与者

3. 人工智能的发展

从诞生至今，人工智能已有 60 多年的发展历史，大致经历了三次浪潮。第一次浪潮为 20 世纪 50 年代末至 20 世纪 80 年代初；第二次浪潮为 20 世纪 80 年代初至 20 世纪末；第三次浪潮为 21 世纪初至今，如图 8-9 所示。

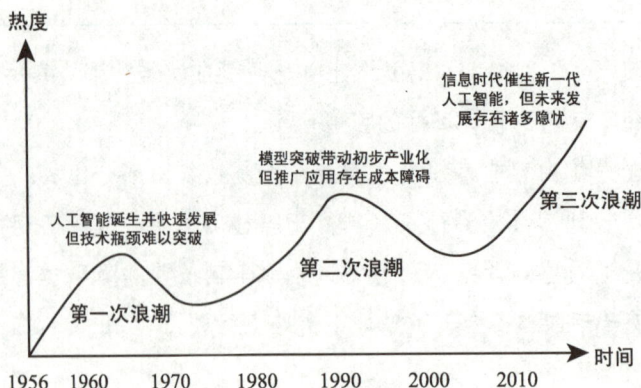

图8-9　人工智能发展历程示意图

（1）第一次浪潮。

符号主义盛行，人工智能快速发展。1956—1974年是人工智能发展的第一个黄金时期。科学家将符号方法引入统计方法中进行语义处理，出现了基于知识的方法，人机交互开始成为可能。科学家发明了多种具有重大影响的算法，如深度学习模型的雏形——贝尔曼公式。除在算法和方法论方面取得了新进展，科学家们还制作出具有初步智能的机器，如能证明应用题的机器STUDENT，能实现简单人机对话的机器ELIZA。

随着时间的推移，人工智能的瓶颈逐渐显现，逻辑证明器、感知器、增强学习只能完成指定的工作，对于超出范围的任务则无法应对，智能水平较为低级，局限性较为突出。造成这种局限的原因主要体现在两个方面：一是人工智能所基于的数学模型和数学手段被发现存在一定的缺陷；二是很多计算的复杂度呈指数级增长，依据现有算法无法完成计算任务。因此，研发机构对人工智能的热情逐渐冷却，对人工智能的资助大幅缩减甚至取消，人工智能第一次步入低谷。

（2）第二次浪潮。

进入20世纪80年代，人工智能再次回到公众视野。人工智能相关的数学模型取得了一系列重大发明成果，其中包括著名的多层神经网络和BP反向传播算法等，这进一步催生了能与人类下象棋的高度智能机器。此外，通过人工智能网络，还制造出了能自动识别信封上邮政编码的机器，精度可达99%以上，这已经超过了普通人的水平。

1980年，卡耐基·梅隆大学为DEC公司开发出了专家系统，这个专家系统可帮助DEC公司每年节约4 000万美元左右的费用，特别是在决策方面能提供有价值的内容。受此鼓励，包括日本、美国在内的很多国家都再次投入巨资开发所谓第5代计算机（当时称为人工智能计算机）。

为推动人工智能的发展，研究者设计了Lisp语言，并针对该语言研制了Lisp计算机。该机型指令执行效率比通用型计算机更高，但价格昂贵且难以维护，始终难以大范围推广普及。

与此同时，在1987年到1993年间，苹果和IBM公司开始推广第一代台式机。随着性能的不断提升和销售价格的不断降低，这些台式机逐渐在消费市场上占据了优势，越来越多的计算机走入个人家庭，价格昂贵的Lisp计算机由于古老陈旧且难以维护逐渐被市场淘汰，专家系统也逐渐淡出人们的视野，人工智能硬件市场出现明显萎缩。同时，政府经费开始下降，人工智能又一次步入低谷。

（3）第三次浪潮。

新兴技术快速涌现，人工智能发展进入新阶段。随着互联网的普及、传感器的应用、大数据的涌现、电子商务的发展和信息社区的兴起，数据和知识在人类社会、物理空间和信息空间之间交叉融合、相互作用，人工智能发展所处的信息环境和数据基础发生了巨大而深刻的变化，这些变化构成了驱动人工智能走向新阶段的外在动力。与此同时，人工智能的目标和理念出现重要调整，科学基础和实现载体取得新的突破，类脑计算、深度学习、强化学习等一系列技术的萌芽也预示着内在动力的成长，人工智能的发展已经进入一个新的阶段。

得益于数据量的快速增长、计算能力的大幅提升和机器学习算法的持续优化，新一代人工智能在某些给定任务中已经展现出达到或超越人类的工作能力，并逐渐从专用型智能向通用型智能过渡，有望发展为抽象型智能。随着应用范围的不断拓展，人工智能与人类生产生活的联系愈加紧密，一方面给人们带来诸多便利，另一方面也产生了一些潜在问题：一是加速机器换人，结构性失业可能更为严重；二是隐私保护成为难点，数据拥有权、隐私权、许可权等界定存在困难。

据权威机构预测，到 2030 年，人工智能的出现将为全球 GDP 带来额外 14% 的提升，相当于 15.7 万亿美元的增长。全球范围内越来越多的政府和企业组织逐渐认识到人工智能在经济和战略上的重要性，并从国家战略和商业活动上涉足人工智能。全球人工智能市场将在未来几年出现现象级的增长。

知识链接

人工智能是引领未来的战略性技术，在国际竞争、经济发展和社会进步等方面发挥着越来越重要的作用。世界各国高度重视人工智能发展，美国白宫接连发布数个人工智能政府报告，是第一个将人工智能发展上升到国家战略层面的国家。除此以外，英国、欧盟、日本等纷纷发布人工智能相关战略、行动计划，着力构筑人工智能先发优势。

我国高度重视人工智能产业的发展，习近平总书记在十九大报告中指出，要"推动互联网、大数据、人工智能和实体经济深度融合"。从 2016 年起，已有《"互联网+"人工智能三年行动实施方案》《新一代人工智能发展规划》《促进新一代人工智能产业发展三年行动计划（2018—2020 年）》等多个国家层面的政策出台，且取得了积极的效果，我国逐渐形成了涵盖计算芯片、开源平台、基础应用、行业应用及产品等环节较完善的人工智能产业链。

二、人工智能的关键技术

人工智能相关技术的研究目的是促使智能机器会听（如语音识别、机器翻译）、会看（如图像识别、文字识别）、会说（如语音合成、人机对话）、会行动（如智能机器人、自动驾驶汽车）、会思考（如人机对弈、定理证明）、会学习（如机器学习、知识表示）。

下面介绍人工智能的几项关键技术，包括机器学习、计算机视觉、生物特征识别、自然语言处理和语音识别。

1. 机器学习

机器学习是指使计算机能像人类一样学习，以获取新的知识或技能，重新组织已有的知识结构，从而不断改善自身性能，如图 8-10 所示。机器学习是使计算机具有智能的根本途径，它让计算机不再只是通过特定的编程完成任务，而是可以通过不断学习来掌握本领。

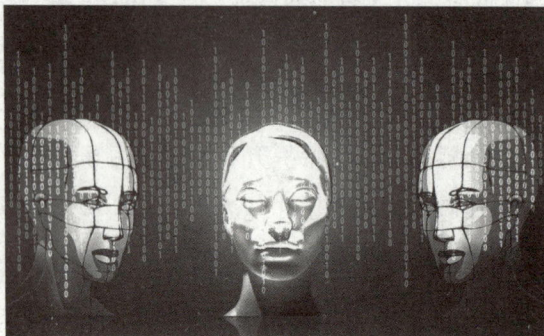

图 8-10　机器学习

机器学习主要依赖大量数据训练和高效的算法模型，其背后需要具有高性能计算能力的软硬件和大量数据作为支撑。例如，给机器学习系统一个包含交易时间、商家、地点、价格及交易是否正当等信用卡交易信息的数据库和一个用来预测信用卡欺诈的算法模型，系统就会自动对交易进行处理，而且处理的交易数据越多，模型越高效，预测结果越准确。

机器学习在人工智能的其他技术领域也扮演着重要角色，包括计算机视觉、生物特征识别、自然语言处理、语音识别等。例如，在计算机视觉领域，它能在海量图像中通过不断训练来改进视觉模型，从而不断提高图像识别的准确率。

2. 计算机视觉

计算机视觉是指使计算机具备像人类一样通过视觉系统提取、观察、理解和识别图像和视频的能力，如图 8-11 所示。计算机视觉相当于人工智能的大门，包括医疗成像分析、智能监控、自动驾驶、智能机器人、工业产品检测等，均需要利用计算机视觉系统提取并识别现场图像或视频信息。计算机视觉的识别准确率普遍可达 90%以上，远远超过了人类。

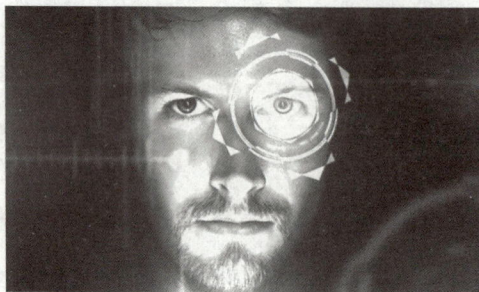

图 8-11　计算机视觉

3. 生物特征识别

生物特征识别是指根据人的生理或行为特征对人的身份进行识别、认证，如图 8-12 所示。从应用流程看，生物特征识别通常分为注册和识别两个阶段。注册阶段是指通过传感器（如摄像头、麦克风等）对人体的生物特征信息（如人脸、指纹、声纹等）进行采集并存储；识别阶段采用与注册阶段一样的采集方式对待识别人进行信息采集和特征提取，然后将提取的特征与存储的特征进行对比、分析，以完成识别。

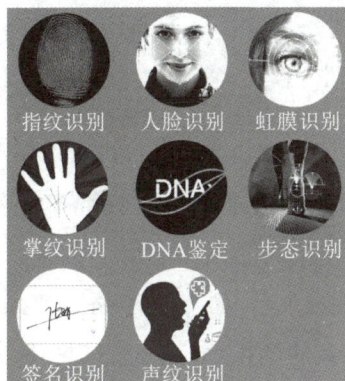

图 8-12　生物特征识别

生物特征识别涉及的内容十分广泛，包括指纹、掌纹、人脸、虹膜、指静脉、声纹、步态等。其识别过程涉及计算机视觉、语音识别、机器学习等多项技术。目前，生物特征识别作为重要的智能化身份认证技术，在金融、安防、交通等多个领域得到了广泛的应用。

4.　自然语言处理

自然语言处理是指使计算机拥有理解、处理人类语言的能力，包括机器翻译、语义理解、问答系统等。其中，利用语义理解可以自动识别文章的核心议题，自动将文章按内容进行分类，自动纠正文本错误，自动提取评论中表达的观点，自动检测文本中蕴含的情绪特征等；利用问答系统可以让计算机用自然语言（人类语言）与人交流。

自然语言处理技术目前被广泛应用于在线翻译（如有道翻译，见图 8-13）、聊天机器人（如京东的 JIMI 聊天机器人）、新闻推荐（如今日头条）、简历筛选、垃圾邮件屏蔽、舆情监控、消费者分析、竞争对手分析等方面。

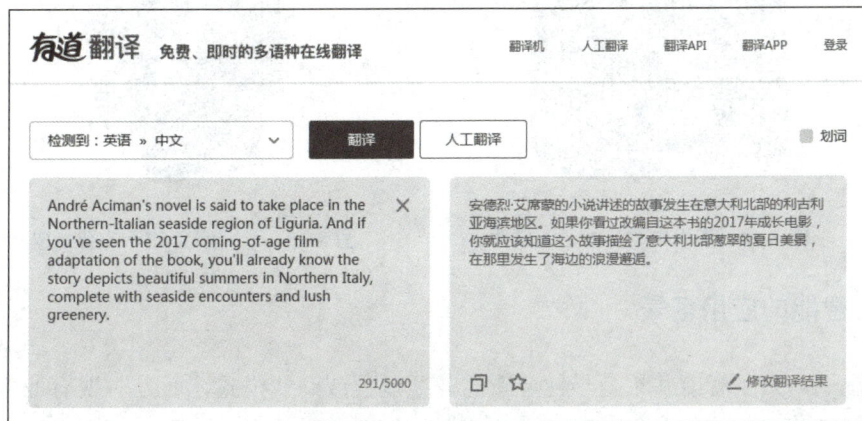

图 8-13　有道翻译

近年来，自然语言处理在产业界和学术界不断取得突破，取得代表性成果的组织有 Google、阿里巴巴、百度、搜狗、科大讯飞等公司，清华大学、Allen 人工智能研究所等高校、研究所及其他多种类型的组织或个人。感兴趣的同学可以查阅相关资料，了解他们所取得的成果。

5. 语音识别

语音识别是指将人类语音中的词汇内容转换为计算机可以识别的输入，即让机器能听懂"人话"。目前，语音识别的应用包括语音拨号、语音导航、室内设备语音控制、语音搜索、语音购物、语音聊天机器人等。

例如，手机中大都提供了智能语音助手，如苹果的 Siri、小米的小爱同学、华为的小艺等，将其唤醒后，通过语音对话就可以让其执行相应的指令，从而实现一定的功能，如图 8-14 所示。

如今，市面上出现了具备语音识别和自动翻译功能的智能鼠标。以科大讯飞的智能鼠标（见图 8-15）为例，其配备了麦克风和语音键，通过 USB 接收器与计算机进行无线连接并安装配套软件后，即可实现语音听写（将语音识别成文字）、语音操控（用语音命令操控计算机），还能实现即时语音翻译录入（如将中文语音自动翻译为英文并录入）。

图 8-14　手机中的智能语音助手

图 8-15　能打字会翻译的智能鼠标

三、人工智能的应用场景

大多数情况下，人工智能并不是一种全新的业务流程或商业模式，而是对现有业务流程或商业模式的改造，其目的是提升效率。下面简单介绍人工智能在制造、金融、交通、安防、医疗、物流等行业的一些典型应用。

1. 智能制造

人工智能在智能制造方面的应用主要表现在以下两个方面：一是智能装备，包括自动识别设备、人机交互系统、工业机器人及数控机床等；二是智能工厂，包括智能设计、智能生产、智能管理及集成优化等内容。

扫一扫

人工智能的应用场景

2. 智能金融

人工智能在金融领域的应用主要包括以下几个方面：

（1）智能获取客户。依托大数据和人工智能技术对金融用户进行画像，提升获客效率。

（2）用户身份验证。通过人脸识别、声纹识别等生物识别手段，对用户身份进行验证。

（3）金融风险控制。通过大数据、计算机、算法的结合，搭建反欺诈、信用风险等模型，多维度控制金融机构的信用风险和操作风险，避免资产损失。

（4）智能客服。基于自然语言处理能力和语音识别技术，建立聊天机器人客服和语音客服系统，降低服务成本，提升用户服务体验。

3. 智能交通

智能交通是指借助现代科技手段和设备，将各核心交通元素连通，实现信息互通与共享，以及各交通元素的彼此协调、优化配置和高效使用。

例如，通过交通信息采集系统采集道路中的车辆流量、行车速度等信息，经过信息分析处理系统处理后形成实时路况，决策系统据此调整道路红绿灯时长；还可以通过信息发布系统将路况推送到导航软件和广播中，从而让人们合理地规划行车路线。

此外，还可以通过不停车收费系统（ETC），实现对通过 ETC 入口的车辆进行身份及信息的自动采集、处理，并自动收费和放行，从而提高通行能力、简化收费管理。

4. 智能安防

智能安防技术是一种利用人工智能对视频画面进行采集、存储和分析，从中识别安全隐患并对其进行处理的技术。智能安防与传统安防的最大区别在于，传统安防对人的依赖性比较强，非常耗费人力，而智能安防能够通过机器实现智能判断。

国内智能安防分析技术主要有两类：一类是采用画面分割等方法对视频画面中的目标进行提取和检测，然后利用一定的规则来判断不同的事件并产生相应的报警联动，其应用包括区域入侵检测、打架检测、人员聚集检测、交通事件检测等；另一类是利用计算机视觉识别技术，对特定的物体进行建模，并通过大量样本进行训练，从而对视频画面中的特定物体进行识别，如车辆识别、人脸识别等。

5. 智能医疗

人工智能在医疗方面的应用包括辅助诊疗、疾病预测、医疗影像分析和识别、药物开发、手术机器人等。其中，在疾病预测方面，人工智能借助大数据技术可以进行疫情监测，及时预测并防止疫情的进一步扩散；在医疗影像方面，可以利用计算机视觉等技术对医疗影像进行分析和识别，为患者的诊断和治疗提供评估方法和精准诊疗决策。

（1）**手术机器人应用案例。** 世界上最具有代表性的手术机器人是达·芬奇手术系统，如图 8-16 所示。达·芬奇手术系统分为手术台和远程监控终端两部分。其中，手术台是一个有三个机械手臂的机器人，它负责对病人进行手术。由于每个机械手臂的灵活性都远远超过人类，而且还带有可以进入人体内的摄像机，因此不仅手术的创口非常小，还能够实施一些人类很难完成的手术。

（2）**辅助诊疗案例。** 在智能辅助诊疗的应用中，IBM Watson 是目前最成熟的案例，如图 8-17 所示。IBM Watson 是一个融合了自然语言处理、认知技术、自动推理、机器学习、信息检索等技术的人工智能系统，其可以在 17 秒内阅读 3 469 本医学专著、248 000 篇论文、69 种治疗方案、61 540 次试验数据、106 000 份临床报告。IBM Watson 已通过了美国职业医师资格考试，并部署在美国多家医院以提供辅助诊疗服务。目前，IBM Watson 提供诊治服务的病种包括乳腺癌、肺癌、前列腺癌、膀胱癌等。

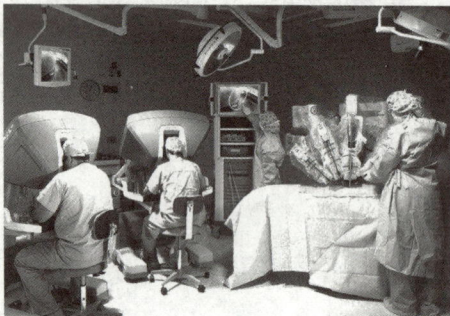

图 8-16 利用达·芬奇手术机器人做手术

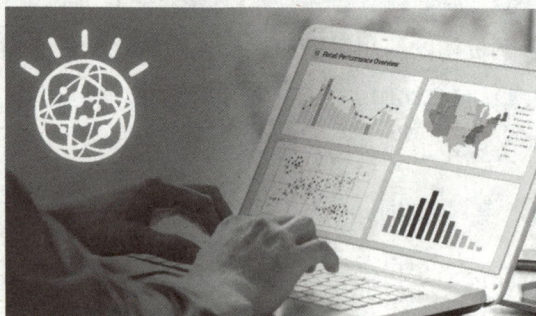

图 8-17 利用 IBM Watson 进行辅助诊疗

（3）**医疗影像识别案例。** 以色列贝斯医学中心与哈佛医学院合作研发的人工智能系统，对乳腺癌病理图片中癌细胞的识别准确率达到 92%；美国企业 Enlitic 开发的人工智能系统对癌症的检出率超越了 4 位顶级的放射科医生。

6. 智能物流

物流企业除利用条形码、射频识别技术、传感器、全球定位系统等优化和改善运输、仓储、配送、装卸等物流业基本活动外，也在尝试使用计算机视觉及智能机器人等技术实现货物自动化搬运和拣选等复杂活动，使货物搬运速度、拣选精度得到大幅度提升。

例如，京东商城（以下简称京东）是国内知名的电商企业。为压缩物流成本，提高物流效率，京东构建了以无人仓、无人机和无人车为三大支柱的智慧物流体系。

京东无人仓（见图 8-18）里主要用到了 3 种机器人——搬运机器人、小型穿梭车及分拣机器人。其中，搬运机器人负责搬运大型货架，其自重约 100 千克，负载量达 300 千克左右；小型穿梭车负责将周转箱搬起并送到货架尽头的暂存区；分拣机器人配有先进的 3D 视觉系统，可以从周转箱中识别出客户需要的货物，并通过工作端的吸盘把货物转移到订单周转箱中，然后通过输送线将订单周转箱传输至打包区；打包机器将商品打包后，一个个包裹就可以发往全国各地了。

据了解，京东无人仓的存储效率达传统仓库存储效率的 5 倍以上。其中，分拣机器人的拣选速度可以达到 3 600 次/小时，是传统人工拣选的 10 倍。

除无人仓外，京东还尝试使用无人机（见图 8-19）和无人车（见图 8-20）送货。京东无人车在行驶过程中，车顶的激光感应系统会自动检测前方的行人、车辆等，遇到障碍物还会自动避障。

图 8-18　京东无人仓　　　　图 8-19　京东无人机　　　　图 8-20　京东无人车

> **小提示**
>
> 　　随着技术的进步和应用场景的丰富，我国的人工智能开放创新平台正在逐步建立，如百度 Apollo 开放平台、阿里云城市大脑、腾讯觅影 AI 辅诊开放平台、科大讯飞智能语音开放创新平台、商汤智能视觉开放创新平台、松鼠 AI 智适应教育开放平台、京东人工智能开放平台 NeuHub、搜狗人工智能开放平台等。
>
> 　　人工智能开放平台的建立，有助于降低企业的技术门槛，让所有创业者都享受到人工智能技术进步所带来的红利，同时也有助于连接各行业内的产学研机构，实现数据打通，避免重复工作，构筑完整的产业生态，大幅提升整个产业的生产效率。

实践探索——体验实物识别和图片查询

　　生活中有很多事物，我们可能不认识或者无法准确地说出它们的名称，借助采用人工智能技术的软件可以帮助我们解决这个问题。请使用具有识别功能的软件（如百度、淘宝、京东、微信、支付宝、形色等 App），体验实物识别和图片查询等功能在生活中的应用，如图 8-21 所示。

图 8-21　实物识别和图片查询在生活中的应用

自我评价

表 8-1 为本任务的完成情况评价表，请根据实际情况填写。

表 8-1　任务一完成情况评价表

任务要求	能	能，但不熟练	还不能
（1）能否表述人工智能的概念和发展情况	☐	☐	☐
（2）能否表述人工智能对社会发展的影响	☐	☐	☐
（3）能否列举人工智能的各种应用场景	☐	☐	☐
（4）能否表述人工智能的关键技术及原理	☐	☐	☐
（5）能否说出和体验身边的人工智能应用	☐	☐	☐
（6）能否谈谈人工智能对个人未来职业发展的影响	☐	☐	☐
对本任务的一些想法和感悟			

任务二　初识机器人

任务解读

对于人工智能来说，机器人是其中一种载体。人工智能为机器人赋能，可大大提升机器人的能力，也只有采用了人工智能技术的机器人才能称为智能机器人。人工智能技术的综合应用，能将机器人的感觉能力提升为感知能力，调度知识的能力提升为通过学习获取知识的能力，自动执行能力提升为自主决策能力。

在本任务中，我们将了解机器人的发展和应用。

体验探究——体验机器人客户服务

客服机器人是智能机器人的一种。它是以自然语言处理和人机交互等多种人工智能技术为基础，使用即时聊天工具、网页、移动终端或实体机器人作为表现形式的，具有智能自动客户服务功能的系统，如图 8-22 所示。

扫一扫

我的机器人伙伴

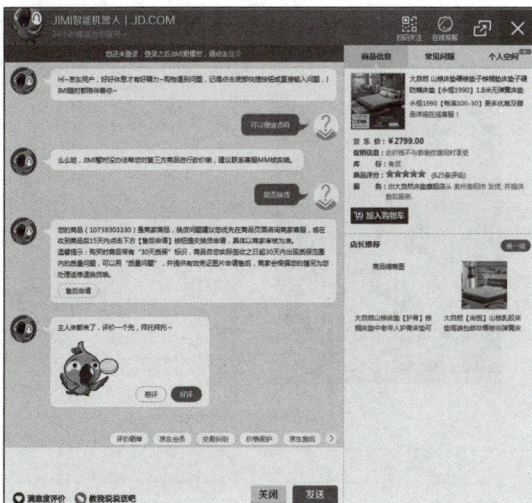

图 8-22　京东客服机器人 JIMI 和艾娃客服机器人

小提示

　　在客服机器人系统中，文本/语音等交互形式是辅助，智能机器人是核心。智能机器人技术是一种让机器实现像人一样"能听会说、自然交互、有问必答"能力的综合技术，它涉及自然语言处理、语义分析和理解、知识构建和自学习能力、大数据处理和挖掘等前沿技术领域，并需要整合多种信息承载形式（如文字、语音、体感等）的通信和识别等能力。这些技术既可以作为独立的软件系统运行在用户的计算机和智能手机上，也可以以云端服务的形式嵌入到具有联网能力的设备中。

　　根据交互载体的不同，客服机器人可以分为虚拟客服系统和实体客服机器人两类。

　　（1）虚拟客服系统通常以网页、微信、微博等软件或聊天工具作为载体，与用户实现无形的交互式沟通。

　　（2）相比而言，实体客服机器人具有良好的用户亲和性，可广泛应用于金融、政务、教育、交通、电子贸易、旅游、娱乐等行业的大堂、大厅等开放式场景中，结合具体业务需求，实现实体型的现场解说、产品营销、客户服务、身份认证等功能。

　　在客服行业，机器人的应用极大地提高了企业服务的效率和质量，降低了人力成本。看似简单的一问一答，背后却需要强大的人工智能技术作为支撑。

　　如今，我们手机中的很多 App（如淘宝、京东、美团、中国移动、中国联通、手机银行、携程旅行、滴滴出行等）都接入了客服机器人。以滴滴出行为例，当用其打车遇到问题时，可以及时向客服机器人小滴求助，具体方法如图 8-23 所示。

　　客服机器人目前已经可以深入解决很多细分场景问题。例如，家具行业的"安装费计算"场景，因为影响因素较多，在和客户的对话中，客服机器人可通过多轮问答收集所需信息（如省市、街道和楼层等），然后计算出安装费用告知客户，并与工单系统对接，安排安装师傅上门服务，大大提高了客服工作效率和精准度。

　　客服是连接企业与客户的重要桥梁，对于企业的销售成果、品牌影响及市场地位往往有着重要的影响。随着人工智能技术的飞速发展，逐渐成熟的客服机器人或将在各行各业的客户服务中普及应用。

图 8-23　与滴滴出行的客服机器人小滴对话

必备知识

一、机器人的概念和应用

自 20 世纪 50 年代末世界上第一台工业机器人出现以来，随着机器人技术的不断发展，机器人的内涵逐渐丰富，机器人的定义也在不断随之变化。国际标准化组织（ISO）最新资料认为：机器人是具有一定程度的自主能力，可在其环境内运动以执行预期任务的可编程执行机构。

> **小提示**
>
> 关于机器人，不同的研究机构给出了不同的定义。
>
> 美国机器人工业协会（RIA）认为：机器人是一种用于移动各种材料、零件、工具或专用装置，通过可编程动作来执行各种任务并具有编程能力的多功能机械手。
>
> 日本工业机器人协会（JIRA）认为：机器人是一种带有存储器件和末端操作器的通用机械，它能够通过自动化的动作替代人类劳动。
>
> 中国科学家认为：机器人是一种自动化的机器，所不同的是这种机器具备一些与人或生物相似的智能能力，如感知能力、规划能力、动作能力和协同能力，是一种具有高度灵活性的自动化机器。
>
> 国家标准《机器人与机器人装备　词汇》（GB/T 12643—2013）认为：机器人是具有两个或两个以上可编程的轴，以及一定程度的自主能力，可在其环境内运动以执行预期任务的执行机构。

目前，国际上一般把机器人分为工业机器人和服务机器人。

（1）工业机器人。工业机器人是面向工业领域的多关节机械手或其他形式的机器装置，如图 8-24 所示。它可以接受人类指挥，也可以按照预先编排的程序自动运行。工业机器人可以降低劳动力成本、提高生产效率，已在汽车、机械、电子、化工等工业领域得到广泛应用。

工业机器人市场集中度高，是机器人应用最为广泛的行业领域。它的应用极大地提高了企业的生产效率，推动了相关产业的发展，为人类物质文明的进步贡献了重要力量。

图 8-24　利用工业机器人组装汽车

（2）服务机器人。服务机器人是指除工业自动化应用外，其他能为人类或设备完成任务的机器人，如图 8-25 所示。服务机器人可进一步划分为特种机器人、公共服务机器人、个人/家用服务机器人 3 类。

图 8-25　送餐机器人和扫地机器人

①　特种机器人是指由具有专业知识人士操控的、面向国家和特种任务的服务机器人，包括国防/军事机器人、搜救救援机器人、医疗手术机器人、水下作业机器人、空间探测机器人、农场作业机器人等。

②　公共服务机器人是指面向公众或商业任务的服务机器人，包括迎宾机器人、餐厅服务机器人、酒店服务机器人、银行服务机器人、场馆服务机器人等。

③　个人/家用服务机器人是指在家庭及类似环境中由非专业人士使用的服务机器人，包括家政、教育娱乐、养老助残、个人运输、安防监控等类型的机器人。

服务机器人的应用涵盖国防、救援、监护、物流、医疗、养老、护理、教育、家政等直接关乎国计民生的广阔领域。它的出现在一定程度上满足了人们在社会及生活中各个领域的需求。

除此之外，机器人又可以分为无实体和有实体两类。无实体的机器人如微软小冰、百度度秘、聊天机器人（分为问答型、任务型和闲聊型）等，其主要基于大数据、知识图谱和机器学习，方便人们快速获取想要的信息；有实体的机器人如工业机器人、巡逻服务机器人等，其更多侧重硬件的稳定性、可靠性和灵活性，难点在于材料、控制和驱动等。针对不同的实际应用，机器人对硬件和智能的要求也不一样。

二、机器人的发展历程

1920 年，捷克剧作家卡雷尔·恰佩克（Karel Capek）首次创造出"robot"一词，"机器人"开始登上历史舞台。随着科学技术的不断发展，机器人已经历了三代。

机器人的发展历程

（1）**第一代为简单工业机器人**，属于示教再现型机器人，1959 年由发明家英格伯格和德沃尔联手制造出世界上第一台工业机器人。这类机器人是由计算机控制的多自由度的机械，使用者事先教给它们动作顺序和运动路径，机器人就可不断地重复相应动作，其特点是对外界环境没有感知。目前，在汽车、3C 电子等工业自动化生产线上大量使用第一代机器人。

（2）**第二代为低级智能机器人**，亦称感觉机器人，如美国斯坦福研究所 1968 年公布研发的机器人 Shakey。与第一代机器人相比，第二代机器人具有一定的感觉系统，可以通过事先编好的程序进行控制，能够获取外界环境和操作对象的简单信息，对外界环境的变化做出简单的判断并相应调整自己的动作。自 20 世纪末以来，第二代机器人在生产企业中的数量不断增加。

（3）**第三代为高级智能机器人**，利用各种传感器、探测器等来获取环境信息，不仅具备感觉能力，还具备独立判断、行动、记忆、推理和决策的能力，可以完成更加复杂的动作。在发生故障时，它还可以通过自我诊断装置进行故障部位诊断，并自我修复。从现有技术发展、产业应用角度来看，第三代机器人仍处于探索阶段。

未来，越来越多的机器人将走进工业生产和人类生活，为创造更加美好的人类社会贡献力量。在研究和开发未知及不确定环境下作业的机器人的过程中，人们逐步认识到机器人技术的本质是感知、决策、行动和交互技术的结合。

小提示

近年来，在国家政策支撑和市场需求牵引下，我国机器人产业平稳发展，机器人设计和制造水平显著提高，机器人新技术、新产品不断涌现，关键零部件研制取得突破性进展，为我国制造业提质增效、换挡升级提供了全新动能。表 8-2 中列举了目前我国知名的智能机器人企业。

表 8-2　目前我国知名的智能机器人企业

机器人产品类别	主要生产企业
工业机器人	埃斯顿（协作、移动机器人）、埃夫特（协作机器人）、博实股份（码垛机器人）、新时达（协作机器人）、新松（协作机器人）、云南昆船（AGV 机器人）等

续表

机器人产品类别	主要生产企业
家用服务机器人	康力优蓝（家庭陪伴机器人）、科沃斯（室内清洁机器人）、makeblock（编程学习机器人）、纳恩博（个人平衡车）、ROOBO（家庭陪伴机器人）、石头科技（室内清洁机器人）、未来伙伴（儿童教育机器人）、优必选（舞蹈机器人）等
医疗服务机器人	安翰医疗（胶囊机器人）、柏惠维康（手术机器人）、博实股份（手术机器人）、金山科技（胶囊机器人）、妙手机器人（手术机器人）、天智航（手术机器人）等
公共服务机器人	大疆（航拍无人机）、地平线（自动驾驶汽车）、纳恩博（个人平衡车）、怡丰（停车仓储AGV）、亿嘉和（电力巡检机器人）等
特种机器人	GQY视讯（救护、警务机器人）、海伦哲（灭火、抢险机器人）、新松（救援、巡检机器人）、中信重工（矿山、消防机器人）等

实践探索——使用智能语音助理

一些移动金融和通信服务平台，除了提供客服机器人外，通常还会提供语音助理。打开中国建设银行的手机银行客户端，然后说出"小微小微"，就可以进入智能语音服务，只需和小微助理"对话"，就可享受"只动口，不动手"的金融服务。例如，说出"查询我的余额"，屏幕中会直接展示账户余额信息，如图8-26所示。你的手机里有没有安装类似的App，找一款体验一下。

图 8-26　使用建行小微语音助理

自我评价

表8-3为本任务的完成情况评价表，请根据实际情况填写。

表 8-3　任务二完成情况评价表

任务要求	能	能，但不熟练	还不能
（1）能否理清机器人和人工智能的关系	□	□	□

任务要求	能	能，但不熟练	还不能
（2）能否表述机器人的概念和类型	☐	☐	☐
（3）能否列举常见的服务机器人及应用领域	☐	☐	☐
（4）能否表述机器人的发展历程	☐	☐	☐
（5）能否说出和体验身边的机器人应用	☐	☐	☐
对本任务的一些想法和感悟			

项目总结

人工智能（AI）是对人的意识和思维过程的模拟，生物特征识别、自然语言处理、语音识别和机器学习等都属于人工智能。它可以帮助行业更新换代，更加符合人们的生活节奏和需求；也能为技术和工具赋能，让载体更加智能化，实现更强大的功能。

机器人作为一种载体，它既可以接受人类指挥，又可以运行预先编排好的程序，还可以根据人工智能技术制定的原则和纲领行动，其任务是协助或取代人类的部分工作，如生产、服务或危险的工作。

机器人技术是多学科交叉的科学工程，涉及机械、电子、计算机、通信、人工智能和传感器，甚至纳米科技和材料技术等。毫不夸张地讲，智能机器人是人工智能应用"皇冠上的明珠"。人工智能和机器人技术相辅相成，正在改变我们的生活，推动社会的进步。

参考文献

［1］谢忠新，沈建蓉. 信息技术基础［M］. 5版. 上海：复旦大学出版社，2015.

［2］张宝慧，米聚珍. 信息技术实训［M］. 北京：中国财富出版社，2015.

［3］于鹏，丁喜纲. 计算机网络技术基础［M］. 5版. 北京：电子工业出版社，2018.

［4］任思颖，王明进，彭高丰. Office 2016 高效办公案例教程［M］. 北京：航空工业出版社，2019.

［5］张红，龙玉梅. 计算机应用基础（Windows 10＋Office 2016）［M］. 北京：机械工业出版社，2019.

［6］张卫民，郑建红. 走进物联网［M］. 北京：机械工业出版社，2019.

［7］刘庆，姚丽娜，余美华. Python 编程案例教程［M］. 北京：航空工业出版社，2018.

［8］曾祥民. 数字媒体技术基础［M］. 北京：电子工业出版社，2016.

［9］张雪锋. 信息安全概论［M］. 北京：人民邮电出版社，2014.

［10］汤晓鸥，陈玉琨. 人工智能基础（高中版）［M］. 上海：华东师范大学出版社，2018.